高等职业院校基于工作过程项目式系列教程

Bootstrap 项目实战

（第2版）

绵阳飞行职业学院
天津滨海迅腾科技集团有限公司　编著

杨　梅　刘　涛　主编
褚建萍　丁卫东　吴俊强　冯　恬　副主编

南开大学出版社
天　津

图书在版编目(CIP)数据

Bootstrap 项目实战 / 绵阳飞行职业学院，天津滨海
迅腾科技集团有限公司编著；杨梅，刘涛主编；褚建
萍等副主编. —2 版. —天津：南开大学出版社，
2024.12. —(高等职业院校基于工作过程项目式系列教
程). —ISBN 978-7-310-06653-7

Ⅰ. TP393.092.2

中国国家版本馆 CIP 数据核字第 20240WD812 号

Bootstrap 项目实战(第 2 版)
Bootstrap XIANGMU SHIZHAN (DI 2 BAN)

南开大学出版社出版发行

出版人：刘文华

地址：天津市南开区卫津路 94 号　　邮政编码：300071

营销部电话：(022)23508339　营销部传真：(022)23508542

https://nkup.nankai.edu.cn

天津泰宇印务有限公司印刷　全国各地新华书店经销

2024 年 12 月第 2 版　　2024 年 12 月第 1 次印刷

260×185 毫米　16 开本　18.25 印张　460 千字

定价：59.00 元

如遇图书印装质量问题，请与本社营销部联系调换，电话：(022)23508339

前　言

  Bootstrap是前端开发中应用非常广泛的一个框架，是Twitter公司内部的一个工具，本书基于Bootstrap 3撰写。Bootstrap是一个用于构建美观、大方网站的前端框架。无论你想构建企业、电子商务或单页营销等网站，Bootstrap都能快速搭建。

  本书由浅入深，全面、系统地介绍了Bootstrap框架在Web开发领域的应用，本书以项目为基础，贯穿整个技能点。采用每个技能点匹配一个小案例的方法来讲解所对应的技能点，本书最终包含一个大的实训案例，从而使你更清晰地看到相应的效果，更容易理解知识点的内涵，为充分发挥Bootstrap的威力打下坚实的基础。

  本书共八个项目，以基于"健身Show"首页的实现→基于"健身Show"运动分类界面的实现→基于"健身Show"运动计划界面的实现→基于"健身Show"运动教练界面的实现→基于"健身Show"运动分享界面的实现→基于"健身Show"后台管理主界面的实现→基于"健身Show"教练详细信息界面的实现→基于"健身Show"人员信息统计界面的实现为线索，从Bootstrap的发展历史、文件结构和使用方式开始，到常见元素样式介绍，讨论栅格系统和布局方式，再到JavaScript插件登场，比如下拉菜单、选择器、模态框等相关知识，从而达到Boot-strap和界面制作美化完美的结合。

  本书的每个项目都分为学习目标、学习路径、任务描述、任务技能、任务实施、任务拓展、任务总结、英语角、任务习题九个模块来讲解相应的内容。此结构条理清晰、内容详细，任务实施与任务拓展可以将所学的理论知识充分地应用到实战中。本书的八个项目都是与生活息息相关的网站，学习起来难度较小，读者容易全面掌握所学的知识技能点。本书具有配套的资料包，包括课程PPT、实训源代码、拓展源代码等，可进行辅助学习。

  本书由杨梅、刘涛担任主编，褚建萍、丁卫东、吴俊强、冯怡担任副主编。其中杨梅、刘涛负责策划统稿，褚建萍、丁卫东负责内容素材的收集汇总，吴俊强、冯怡负责整体内容编排。具体分工如下：项目一至项目三由杨梅负责编写；项目四至项目六由刘涛负责编写；项目七至项目八由褚建萍、丁卫东负责编写，吴俊强、冯怡负责思政内容编写。

  本书内容系统、结构完整、讲解简明、方便实用，是前端开发人员使用Bootstrap的最佳参考书，适合所有前端开发人员和希望了解Bootstrap的读者阅读参考，是不可多得的好教材。

天津滨海迅腾科技集团有限公司

技术研发部

目　录

项目一 基于"健身 Show"首页的实现

通过"健身 Show"首页的实现,了解使用 Bootstrap 设计首页的思想,学习 Bootstrap 插件的下载与开发工具的使用,掌握 Bootstrap 的使用方式,具有下载和使用 Bootstrap 插件的能力。在任务实现过程中:

- 了解 Bootstrap 设计首页的思想。
- 掌握 Bootstrap3 的主要特性。
- 掌握 Bootstrap 的使用方式。
- 具有使用 Bootstrap 插件的能力。

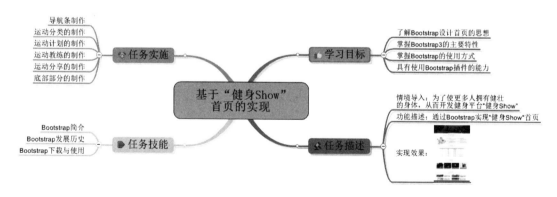

【情境导入】

现如今,健身已经成为人们追求健康的一种方式。某公司为了让更多人拥有健壮的身体,随时随地加入健身的队伍中，于是开发出一款基于健身的网站并起名为"健身 Show"。开发人员在选择开发框架时一直犹豫不决。考虑到网站的兼容性、界面的美观度和代码的易维护，开发人员终于决定在 HTML5 和 CSS3 的基础上使用 Bootstrap 框架来制作该网站。该网站分为五个模块：首页、运动分类、运动计划、运动教练、运动分享。在该网站中用户之间可以沟通彼此的健身心得，不仅可以健身也可以交朋友。本项目主要通过实现"健身 Show"首页来学习 Bootstrap 框架的应用，为学习 Bootstrap 框架打下良好的基础。

【功能描述】

本项目将实现"健身 Show"首页。

- 使用 Bootstrap 导航栏实现导航栏美化。
- 使用栅格系统进行界面的布局。
- 使用轮播图显示头部背景图片轮播。
- 使用图片样式设置运动教练图片的显示方式。

【基本框架】

基本框架如图 1.1 所示。通过本项目的学习，能将框架图 1.1 转换成"健身 Show"首页，效果如图 1.2 所示。

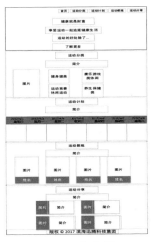

图 1.1　框架图

图 1.2　效果图

技能点 1　Bootstrap 简介

Web 前端开发人员每天都在与 HTML、CSS、JavaScript 等知识接触，而且大部分时间都浪费在周而复始地写相同代码,实现相同的样式和交互效果。Twitter 公司为了减少开发者大量重复性的工作,使代码更加简洁,在 2010 年 8 月创建了 Bootstrap。Bootstrap 是目前最流行的前端库,它符合 HTML、CSS 的代码规范并提供了一套前端工具包,包括栅格、表格、按钮、表单、导航等,秉承一切从简的风格,使开发人员能够毫无顾虑、放心地使用。

技能点 2　Bootstrap 发展历史

早期 Twitter 提供的内部开发工具缺乏美观大方的设计。为了实现界面复杂的样式,减少工作人员的协调时间,提高工作效率,Twitter 公司单独成立了一个小组进行讨论。在不断的讨论和实践中,逐渐确立了目标,即创建一个统一的工具包,让公司内部人员使用,Bootstrap 由此诞生。Bootstrap 虽然发布的时间不是很长,但已经成熟,成为使用人数最多的库,目前最新版本为 4 alpha 版本。使用较广的是版本 2 和 3,其中 2 的最新版本的是 2.3.2,3 的最新版本是 3.3.7。Bootstrap 版本变化如表 1.1 所示。

表 1.1　Bootstrap 版本变化表

版　　本	年　　份
Bootstrap1	2011 年 8 月
Bootstrap2.x	2012 年 1 月
Bootstrap3.x	2013 年
Bootstrap4 alpha	2015 年 8 月

1　Bootstrap1

Bootstrap1 在 2011 年 8 月,由 Twitter 设计师 Mark Otto 和 Jacob Thornton 所设计,是快速搭建 Web 应用程序的轻量级前端开发工具。Bootstrap 是简化 HTML 和 CSS,并结合 JavaScript 的一款基于 Web 应用程序的前端库。Bootstrap 主要是将 CSS 语言转换成 Less 语言,简化代码,主要优势是使开发团队快速部署成美观、大方的界面。

2　Bootstrap2

(1)Bootstrap2 简介

2012 年 1 月,Twitter 在开发者博客上公布消息称 Bootstrap 发生重大的改变,改进 Bootstrap1 中的不足并命名为 Bootstrap2。Bootstrap2 的重大改变是添加了响应式设计的特性,采用灵活的栅格系统,此外更新进度条和图片的缩略图并添加新的样式,改进 Bootstrap1 中用户体验和交互性的不足,增加新媒体展示功能和多款 jQuery 插件。

Bootstrap2 主要分为脚手架、基础 CSS 样式、组件和 JavaScript 插件库。其中:

● 脚手架主要包括一些网页所需的布局。包括全局样式表、栅格系统、响应式设计。

● 基础 CSS 样式主要是对 HTML 基本元素进行样式定义，并利用可扩展的 class 增强其展示效果。包括各种排版样式，比如代码、表格、表单、按钮、图片、Glyphicons 提供的图标等。在代码展示方面提供了内嵌代码和代码样式。

● 组件包含多个可复用的组件。包括导航、警告框、弹出框等。

● JavaScript 插件提供了十几种插件实现动态效果。包括模态对话框、下拉菜单、滚动监听、按钮、折叠、轮播等。可以根据不同的插件实现不同的动态效果。

（2）Bootstrap2 主要特性

随着工程师对其不断的开发和完善，Bootstrap2 进步显著，不仅包括基本样式，而且有了更为优雅和持久的前端设计模式。该版本的一些特性包括：

● Carousel 轮播组件增加分页指示器。

● Tooltips 和 Popovers 组件增加 container 选项，可指定插入的组件 HTML 的位置。

● 改善组件中链接的可用性。

● 增加相关 class 优化页面文本打印效果。

● 表单组件优化。

● 增加 @ms-viewport 兼容 IE10 的响应式布局。

● 添加 .text-left、.text-center 和 .text-right 类，使排版对齐更容易。

● 文档改进，新增了一些导航示例。

● 更新到 jQuery 1.9。

（3）Bootstrap2 案例效果

使用 Bootstrap2 技术实现的案例效果如图 1.3 和图 1.4 所示。

图 1.3   Bootstrap2 案例效果 1

图 1.4   Bootstrap2 案例效果 2

3 Bootstrap3

（1）Bootstrap3 简介

在 2013 年，Bootstrap3 正式版本上线。自 Bootstrap3 起，前端库包含所有移动设备优先的样式，Bootstrap3 凭借在 PC、平板以及手机上优秀的用户体验从其他前端库中脱颖而出。

（2）Bootstrap3 和 Bootstrap2 对比

Bootstrap3 相对 Bootstrap2 最大的变化是响应式布局、浏览器兼容性以及扁平化设计方面。它们之间并没有孰优孰劣的区别，更多是设计风格上的不同。

● 扁平化设计风格：相比 Bootstrap2 的渐变式立体化风格，Bootstrap3 采用了时下最为流行的扁平化设计风格，这种风格具有优化网站加载速度、SEO 搜索引擎优化等优点。

● 移动优先：Bootstrap2 从整体理念上来说，主要针对桌面浏览器，但随着移动领域的崛起，Bootstrap3 本着移动优先的理念进行重写，更好的适应手机浏览器的测试。

● 组件优化：Bootstrap3 新增 List Group、Panels 组件，丰富列表型布局的多样性。

● 配色增多：Bootstrap3 提供了几种默认色彩，从视觉效果上来看更加清新、明亮，符合扁平化风格以及趋于年轻化的界面设计与开发。

● 启用 CDN：Bootstrap3 启用了 CDN，从而保证在不同区域访问网站能快速地加载相关的 CSS 与 JS 文件。

（3）Bootstrap3 案例效果

使用 Bootstrap3 技术实现的案例效果如图 1.5 和图 1.6 所示。

图 1.5 Bootstrap3 效果图

图 1.6 Bootstrap3 效果图

4　Bootstrap 4 alpha

2015 年 8 月 19 日，Bootstrap 迎来自己特别的日子，Bootstrap 4 内测版诞生了，不管在内容上还是在编码上都进行了更新。Bootstrap 4 alpha 的最主要变化包括以下方面：

- 从 Less 迁移到 Sass。
- 表格系统的更新，更好支持移动设备。
- 合并所有 HTML Resets 到一个新的模块（Reboot）中。
- 新的自定义选项，将所有选项移到 Sass 变量中。
- 不再支持 IE8（如果要支持 IE8，只能继续用 Bootstrap3）。
- 重写 JavaScript 插件，利用 JavaScript 的新特性，采用 ES6 重写所有插件。
- 所有文档以 Markdown 格式重写，添加了一些方便的插件组织示例和代码片段。
- 支持自定义窗体控件、空白和填充类。

技能点 3　Bootstrap 下载与使用

1　Bootstrap 开发工具

在 Web 前端领域中，受开发人员欢迎的软件有 Dreamweaver、WebStorm、Sublime Text 等，其中 Dreamweaver 比较适合刚入门的开发人员使用，该软件中有代码、拆分、设计三种视图，为开发人员的学习提供了便利。随着学习的深入，Dreamweaver 渐渐满足不了开发人员的一些需求，开发人员需要重新选择合适的软件。这里使用 Sublime Text 2，它具有界面简洁实用、功能简单易懂等优点，适合更深入的 Web 前端开发。下载的官网地址为：http://www.sublimetext.com/2。如图 1.7 所示。

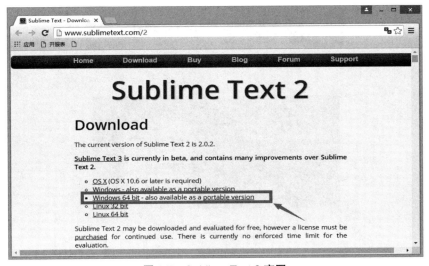

图 1.7　Sublime Text 2 官网

提示 想了解或学习更多的关于 Bootstrap 练习所使用的编写工具,扫描图中二维码,获得更多信息。

2　Bootstrap 下载

Bootstrap 包括两个版本,一个是供应用的编译版,另一个是供学习使用的完全版。下载完成后直接复制 Bootstrap 压缩包到网站目录,导入相应的 CSS 和 JavaScript 文件,就可以在页面中看到 Bootstrap 效果。本书以最稳定版本 Bootstrap3 进行讲解。

(1)下载编译版 Bootstrap

如果想要快速使用 Bootstrap,可以直接下载经过编译、压缩后的版本。最常用的下载网址为:Bootstrap 中文网(http://www.bootcss.com/),如图 1.8 所示。点击该按钮下载 Bootstrap,仅包含编译并压缩后的 CSS、JavaScript 和字体文件,不包含文档和源码文件。

图 1.8　下载 Bootstrap

(2)下载源码版的 Bootstrap

通过这种方式下载的 Bootstrap 压缩包,名称为 Bootstrap-3-dev.zip,包含所需的源文件,主要用于学习。

第一步:访问 http://github.com/twbs/Bootstrap/ 网址,出现如图 1.9 所示效果。

第二步:点击"Clone or download"后,点击"Download ZIP",进行软件的下载。效果如图 1.10 所示。

第三步:下载后的文件格式如图 1.11 所示。

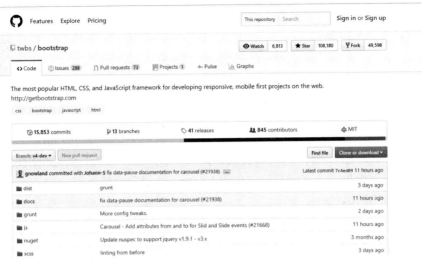

图 1.9　访问 Bootstrap

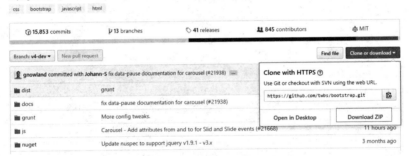

图 1.10　访问 Bootstrap

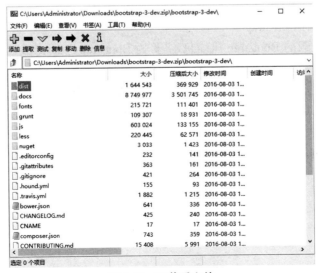

图 1.11　下载后文件

3 Bootstrap 文件结构

下载 Bootstrap 压缩包之后，打开压缩包可以看到目录和文件。Bootstrap 提供编译和压缩两个版本的文件。

（1）编译版的 Bootstrap 文件结构

在官网下载完成 Bootstrap 后，解压下载的文件，结构如图 1.12 所示。

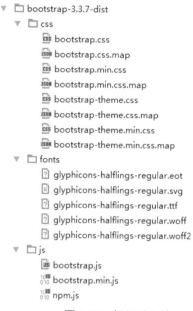

图 1.12 解压后文件

解压后的文件可以应用到 Web 项目中，文件中不仅包括原生态的 JS 文件，还包括通过编译和压缩之后的文件。Bootstrap 项目配置文件如下所示。

● bootstrap.css：完整的 Bootstrap 样式表，未经压缩过的，可供开发的时候进行调试使用。

● bootstrap.min.css：经过压缩后的 Bootstrap 样式表，可以在部署网站的时候引用。

● bootstrap-theme.css：是 Bootstrap 主题文件。

● bootstrap-theme.min.css：与 bootstrap-theme.css 的作用一样，是 bootstrap-theme.css 的压缩版。

● bootstrap.js：Bootstrap 中所有的 JavaScript 效果都需要引入的文件。这个文件也是一个未经压缩的版本，供开发的时候进行调试使用。

● bootstrap.min.js：bootstrap.js 的压缩版，内容和 bootstrap.js 一样。

（2）Bootstrap 源代码的文件结构

通过在 GitHub 网站上下载的文件结构如图 1.13 所示。

dist 文件夹包含常用的 CSS 样式、字体图标、存储各种 jQuery 插件以及交互行为所需的 JavaScript 脚本语言。docs 文件夹包含所有文档的源码文件，less、js、fonts 文件夹分别包含了 CSS、JS、字体图标的源码。

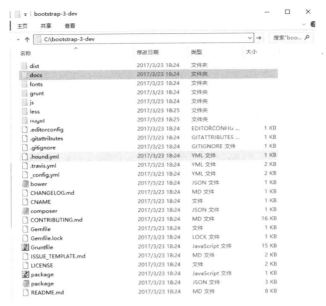

图 1.13　Bootstrap 源代码目录

4　Bootstrap 使用方式

Bootstrap 在项目制作的过程中使用步骤如下。

第一步：使用 <link> 标签引用 CSS 样式，这是最常用的一种引用方式。引用 CSS 样式代码如下所示。

```
<!DOCTYPE html>
<html lang="en">
<head>
<meta charset="UTF-8">
<title>Bootstrap 引用 </title>
<!--Bootstrap 的基本样式 -->
<link href="css/bootstrap-3.3.7.css" type="text/css">
<!--Bootstrap 响应式布局样式 -->
<link href="css/bootstrap-responsice.css" type="text/css">
</head>
<body>
<!-- 内容 -->
</body>
</html>
```

第二步：CSS 样式引入完成后，引入 bootstrap.js 文件，引用 bootstrap.js 文件代码如下。

```
<!DOCTYPE html>
<html lang="en">
<head>
<meta charset="UTF-8">
<title>Bootstrap 引用 </title>
<!--Bootstrap 的基本样式 -->
<link href="dist/css/bootstrap.css" type="text/css">
<!--Bootstrap 响应式布局样式 -->
<link href="dist/css/bootstrap-responsice.css" type="text/css">
</head>
<body>
<!-- 内容 -->
<!--jQuery 基本文件 -->
<script src="dist/js/jquery 1.9.1.js"></script>
引入 boostrap.js 文件
<script src="dist/js/bootstrap.js"></script>
</body>
</html>
```

提示 当对 Bootstrap 版本及特性了解后,你是否打算放弃本门课程的学习呢?扫描图中二维码,你的想法是否有所改变呢?

通过下面八个步骤的操作,实现图 1.2 所示的基于"健身 Show"首页的效果。

第一步:打开 Sublime Text 2 软件,如图 1.14 所示。

第二步:点击创建并保存为 CORE0101.html 文件,并通过外联方式导入 CSS 文件和 JS 文件。如图 1.15 所示。

第三步:导航条的制作。

导航条采用无序列表和表单制作,设置 class="navbar-right",将导航条设为居右显示。通过 <i> 标签给按钮设置字体图标。代码 CORE0102 如下。设置样式前效果如图 1.16 所示。

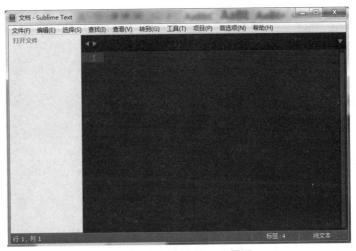

图 1.14   Sublime Text 2 界面

图 1.15   导入 CSS 和 JS

代码 CORE0102 导航条部分

```
<header class="main-header" id="main-header">
<!-- 导航条开始 -->
    <nav class="navbar navbar-default redone-navbar navbar-2">
        <div class="container">
            <div class="navbar-header">
                <button type="button" class="navbar-toggle collapsed"
                    data-toggle="collapse" data-target="#redone-navbar"
                    aria-expanded="false">
                    <span class="sr-only">Toggle navigation</span>
```

```
                <span class="icon-bar"></span>
                <span class="icon-bar"></span>
                <span class="icon-bar"></span>
            </button>
        </div>
        <div class="collapse navbar-collapse" id="redone-navbar">
        <ul class="nav navbar-nav navbar-right">
            <!-- 导航条元素 -->
            <li class="hidden-lg">
            <form class="navbar-search">
            <!-- 输入框组 -->
            <div class="input-group">
                <input class="form-control" type="text"
placeholder="Search Here" name="q">
                <span class="input-group-btn">
                    <button class="btn btn-primary"type="submit">
                        <i class="fa fa-search"></i>
                    </button>
                    <button class="btn btn-danger" type="reset">
                        <i class="fa fa-remove"></i>
                    </button>
                </span>
            </div>
            </form>
            </li>
            <li class="active">
                <a href="home page.html"> 首页
                    <span class="sr-only">(current)</span>
                </a>
            </li>
            <li>
                <a href="sports classification.html">
                    运动分类
                </a>
            </li>
            <li>
                <a href="exercise program.html">
                    运动计划
```

```
                    </a>
                </li>
                <li>
                    <a href="sports coach.html">
                        运动教练
                    </a>
                </li>
                <li>
                    <a href="sports share.html">
                        运动分享
                    </a>
                </li>
                <li class="visible-lg">
                    <a href="#toggle-search" class="animate">
                        <i class="fa fa-search"></i>
                    </a>
                </li>
            </ul>
        </div>
    </div>
    <div class="redone-search animate">
        <div class="container">
            <form class="">
                <div class="input-group">
                    <input type="text" class="formcontrol" name="q"
placeholder="Type and enter to search">
                    <span class="input-group-btn">
                        <button type="reset" class="btn">
                            <i class="fa fa-remove"></i>
                        </button>
                    </span>
                </div>
            </form>
        </div>
    </div>
</nav>
<!-- 导航条结束 -->
</header>
```

图 1.16　导航条设置样式前

设置导航条样式,需要为导航条设置背景图片,实现将输入框与字体图标隐藏,当视图窗口缩小时,通过点击下拉元素显示。设置导航元素字体样式。部分代码 CORE0103 如下。设置样式后效果如图 1.17 所示。

代码 CORE0103　导航条 CSS 代码

```
/* 设置背景图片 */
header{
background-image: url(img/1.png)
}
/* 设置导航条样式 */
.main-header .navbar-2 .navbar-collapse {
    margin-top: 29px;
}
/* 设置字体样式 */
.main-header .navbar-2 .navbar-nav li.active a {
    background: transparent;
    color: #2bc16e;
}
.main-header .navbar-2 .navbar-nav li a {
    color: #fff;
}
/* 设置输入框样式 */
.main-header .navbar-search .form-control {
    border: none;
    border-bottom: 1px solid #dedede;
    height: 42px;
    box-shadow: none;
    text-shadow: none;
```

```
}
.main-header .navbar-nav> li> a {
    padding-top: 10px;
    padding-bottom: 10px;
}
.main-header .navbar-2 {
    background: #B1BCC5;
}
@media screen and (min-width: 768px) {
    .main-header .redone-navbar .redone-search {
        background-color: #2bc16e;
        display: block;
        position: absolute;
        top: 100%;
        width: 100%;
        -webkit-transform: rotateX(-90deg);
        transform: rotateX(-90deg);
        -webkit-transform-origin: 0 0 0;
        transform-origin: 0 0 0;
        visibility: hidden
    }
    .main-header .redone-navbar .redone-search.open {
        -webkit-transform: rotateX(0deg);
        transform: rotateX(0deg);
        visibility: visible
    }
}
```

图 1.17　导航条设置样式后

第四步：运动分类的制作。

运动分类由图片、文字介绍组成，通过标题标签和 <p> 标签设置文字介绍，使用 <img> 标签调用图片，使用 <i> 标签调用字体图标，利用 Bootstrap 栅格系统进行布局。代码 CORE0104 如下。设置样式前效果如图 1.18 所示。

```
代码 CORE0104 运动分类
<section class="about-us section-block" id="about-us">
    <div class="section-title">
            <h2> 运动分类 <span class="light">01</span></h2>
            <p class="lead"> 内容省略 </p>
    </div>
    <div class="container">
            <div class="row section-content">
                    <div class="col-md-8 col-md-push-4">
                            <ul class="row about-details">
                                    <li class="col-md-6 clearfix">
                                            <div class="icon-block">
                                                    <i class="fa fa-male"></i>
                                            </div>
                                            <div class="content-block">
                                                    <h3> 健身健美 </h3>
                                                    <p>
                                                            <!-- 内容省略 -->
                                                    </p>
                                            </div>
                                    </li>
                                    <li class="col-md-6 clearfix">
                                            <div class="icon-block">
                                                    <i class="fa fa-hourglass-2"></i>
                                            </div>
                                            <div class="content-block">
                                                    <h3> 康乐游戏类休闲 </h3>
                                                    <p>
                                                            <!-- 内容省略 -->
                                                    </p>
                                            </div>
                                    </li>
                                    <li class="clearfix visible-md"></li>
```

```
                            <li class="col-md-6 clearfix">
                                <div class="icon-block">
                                    <i class="fa fa-anchor"></i>
                                </div>
                                <div class="content-block">
                                    <h3> 运动竞赛休闲运动 </h3>
                                    <p>
                                        <!-- 内容省略 -->
                                    </p>
                                </div>
                            </li>
                            <li class="col-md-6 clearfix">
                                <div class="icon-block">
                                    <i class="fa fa-user"></i>
                                </div>
                                <div class="content-block">
                                    <h3> 养生保健类 </h3>
                                    <p>
                                        <!-- 内容省略 -->
                                    </p>
                                </div>
                            </li>
                            <li class="clearfix visible-md"></li>
                        </ul>
                    </div>
                    <div class="col-md-4 col-md-pull-8">
                        <img class="img-responsive about-img"
                            src="multipage/img/gym-fitness/about-girl.png"
                            alt="about us photo">
                    </div>
                </div>
            </div>
        </section>
```

图 1.18　运动分类设置样式前

　　设置运动分类样式,将运动分类模块标题和内容简介居中显示并设置其样式。设置字体图标的样式,实现鼠标移动到字体图标上时改变背景颜色。设置小标题和内容的样式。部分代码 CORE0105 如下。设置样式后效果如图 1.19 所示。

```
代码 CORE0105 运动分类 CSS 代码
/* 设置标题样式 */
.section-title h2 {
    font-family: 'Roboto Slab', sans-serif;
    font-size: 30px;
    font-weight: 900;
    letter-spacing: 3px;
    text-transform: uppercase;
    position: relative;
    margin: 0;
    display: inline-block;
    z-index: 1;
}
/* 设置标题背景样式 */
.section-title h2 span.light {
    color: #fff;
}
```

```css
.section-title h2 span {
    font-size: 104px;
    font-family: 'Source Sans Pro', serif;
    position: absolute;
    top: 50%;
    left: 50%;
    -webkit-transform: translate(-50%, -50%);
    transform: translate(-50%, -50%);
    top: 40%;
    z-index: -1;
}
/* 设置内容简介样式 */
.section-title .lead {
    color: #bbb;
    width: 50%;
    margin: 48px auto 0;
}
.lead {
    font-size: 18px;
    font-family: 'Roboto Slab', sans-serif;
}
/* 设置字体图标样式 */
.fa-anchor:before {
    content: "\f13d";
}
.about-us .about-details .icon-block {
    width: 72px;
    height: 72px;
    border-radius: 50%;
    line-height: calc(72px - 4px);
    text-align: center;
    border: 2px solid #2bc16e;
    color: #2bc16e;
    transition: .3s;
    font-size: 18px;
    float: left;
    margin-right: 24px;
}
```

```
/* 设置小标题样式 */
.about-us .about-details .content-block h3 {
    margin-top: 0;
    text-transform: uppercase;
    font-weight: 700;
    font-size: 18px;
    margin-bottom: 15px;
    line-height: 1.5;
}
```

图 1.19　运动分类设置样式后

第五步：运动计划的制作。

运动计划采用表格显示一周计划安排，设置栅格系统进行页面布局，通过 class="nav-tabs" 设置导航进行页面跳转。部分代码 CORE0106 如下。设置样式前效果如图 1.20 所示。

```
代码 CORE0106 运动计划
<section class="class-table section-block" id="class-table">
    <div class="section-title">
        <h2> 运动计划 <span class="dark">02</span></h2>
        <p class="lead">
            <!-- 内容省略 -->
        </p>
    </div>
    <div class="container">
        <div class="row section-content">
```

```
<div class="col-md-10 col-md-offset-1">
  <div class="tab-wrapper redone-tab-2">
    <!-- 导航条开始 -->
    <ul class="nav nav-tabs" role="tablist">
    <li role="presentation" class="active">
    <a href="#sat" aria-controls="sat" role="tab" data-toggle="tab">
        星期六
    </a>
    </li>
    <li role="presentation">
    <a href="#sun" aria-controls="sun" role="tab" data-toggle="tab">
        星期日
    </a>
    </li>
    <li role="presentation">
    <a href="#mon" aria-controls="mon" data-toggle="tab">
        星期一
    </a>
    </li>
    <li role="presentation">
    <a href="#tue" aria-controls="tue" data-toggle="tab">
        星期二
    </a>
    </li>
    <li role="presentation">
    <a href="#wed" aria-controls="wed" data-toggle="tab">
        星期三
    </a>
    </li>
    <li role="presentation">
    <a href="#thu" aria-controls="thu" data-toggle="tab">
        星期四
    </a>
    </li>
    <li role="presentation">
    <a href="#fri" aria-controls="fri" data-toggle="tab">
        星期五
    </a>
```

```
                    </li>
                </ul>
                <!-- 导航条结束 -->
                <!-- 导航条元素所对应内容 -->
                <div class="tab-content">
                    <div role="tabpanel" class="tab-pane active" id="sat">
                        <table class="table table-hover redone-table-1">
                            <tr>
                                <td class="col-sm-3">
                                    <strong>10.00</strong>
                                    <span>1 小时 </span>
                                </td>
                                <td class="col-sm-3">
                                    <h4>Yoga</h4>
                                    <p> 初级 </p>
                                </td>
                                <td class="col-sm-3">
                                    <h4>Juwel Khan</h4>
                                    <p>10 年工作经验 </p>
                                </td>
                                <td class="col-sm-3">
                                    <button class="btn btn-ghost">
                                        现在加入
                                    </button>
                                </td>
                            </tr>
                        </table>
                    </div>
                    <!-- 部分代码省略 -->                </div>
                </div>
            </div>
        </div>
    </section>
```

图 1.20　运动计划设置样式前

设置运动计划样式,将运动计划标题和内容介绍居中显示并设置其样式,设置导航背景颜色以及导航元素的字体样式,表格内的信息居中显示,修改表格内的按钮样式。部分代码CORE0107 如下。设置样式后效果如图 1.21 所示。

```
代码 CORE0107 运动计划 CSS 代码
/* 设置标题样式 */
.section-title h2 {
    font-family: 'Roboto Slab', sans-serif;
    font-size: 30px;
    font-weight: 900;
    letter-spacing: 3px;
    text-transform: uppercase;
    position: relative;
    margin: 0;
    display: inline-block;
    z-index: 1;
}
/* 设置标题背景样式 */
.section-title h2 span.light {
    color: #fff;
}
```

```css
.section-title h2 span {
    font-size: 104px;
    font-family: 'Source Sans Pro', serif;
    position: absolute;
    top: 50%;
    left: 50%;
    -webkit-transform: translate(-50%, -50%);
    transform: translate(-50%, -50%);
    top: 40%;
    z-index: -1;
}
/* 设置内容简介样式 */
.section-title .lead {
    color: #bbb;
    width: 50%;
    margin: 48px auto 0;
}
/* 设置导航条样式 */
.class-table .redone-tab-2 .nav-tabs li a {
    border: none;
    border-radius: 0;
    background: #B1BCC5;
}
/* 设置表格数据元素样式 */
.class-table .redone-table-1 strong {
    display: block;
    font-family: 'Roboto Slab', sans-serif;
    font-size: 16px;
    font-weight: 700;
    margin-bottom: 8px;
    margin-top: 12px;
}
/* 设置表格按钮样式 */
.class-table .redone-table-1 span {
    color: #999;
}
```

图 1.21　运动计划设置样式后

第六步：运动教练的制作。

采用栅格系统进行页面布局，通过 <img> 插入图片，通过 <p> 标签叙述图片内容。部分代码 CORE0108 如下。设置样式前效果如图 1.22 所示。

代码 CORE0108 运动教练模块的制作

```
<section class="team-members section-block" id="team-members">
    <div class="section-title">
        <h2> 运动教练 <span class="dark">03</span></h2>
        <p class="lead"><!-- 内容省略 --></p>
    </div>
    <div class="container">
        <div class="row section-content">
            <div class="col-md-3 col-sm-6">
                <div class="image-block">
                    <img class="img-responsive"
                src="multipage/img/gym-fitness/team/20120515035700988766.jpg">
                <div class="hover-content”>
                    <div class="hover-content-wrapper">
                        <p><!-- 内容省略 --></p>
                    </div>
                </div>
            </div>
            <div class="member-info">
```

```
                <h4> 威盛 </h4>
            </div>
        </div>
        <!-- 部分代码省略 -->
        </div>
    </div>
</section>
```

图 1.22 运动教练设置样式前

设置运动教练样式,将运动教练的标题与内容描述居中显示并设置其样式。实现当鼠标移动到图片上时显示图片介绍内容,当鼠标移走时消失的效果。部分代码 CORE0109 如下。设置样式后效果如图 1.23 所示。

代码 CORE0109 运动教练模块 CSS 代码

```
.section-content {
    margin-bottom: 72px;
}
/* 设置图片样式 */
.img-responsive{
    display: block;
    max-width: 100%;
```

```
    height: auto;
}
/* 设置图片内容显示样式 */
.team-members .section-content .hover-content {
    text-align: center;
    color: #fff;
    margin-bottom: -3px;
    transition: .4s;
    opacity: 0;
    -webkit-transform: scale(0.1, 0.1);
    transform: scale(0.1, 0.1);
    background: rgba(43, 193, 110, 0.8);
    position: absolute;
}
/* 设置图片下面名称样式 */
.team-members .section-content .member-info {
    background: #2bc16e;
    padding: 2em 0;
    text-align: center;
}
```

图 1.23　运动教练设置样式后

第七步:运动分享的制作。

运动分享采用图片和文字介绍实现,通过栅格系统进行布局,使用 <a> 标签为文字介绍加入链接。部分代码 CORE0110 如下。设置样式前效果如图 1.24 所示。

代码 CORE0110 运动分享的制作

```
<section class="our-blog section-block" id="our-blog">
    <div class="section-title">
        <h2> 运动分享 <span class="dark">04</span></h2>
        <p class="lead">
            <!-- 内容省略 -->
        </p>
    </div>
    <div class="container">
        <div class="row section-content">
            <div class="col-lg-6">
                <div class="post-wrapper">
                    <div class="image-block">
                        <img class="img-responsive" src="images/g3.jpg">
                    </div>
                    <div class="content-block">
                        <ul class="top-meta">
                            <li>
                                <a href="#"> 仰头运动 </a>
                            </li>
                        </ul>
                        <div class="bottom-meta clearfix">
                            <ul class="top-meta">
                                <li>
                                    <a href="#">
                                        <!-- 内容省略 -->
                                    </a>
                                </li>
                            </ul>
                        </div>
                    </div>
                </div>
            </div>
```

```
                <!-- 部分代码省略 -->
            </div>
        </div>
    </section>
```

图 1.24 运动分享设置样式前

　　设置运动分享样式，将运动分享的标题与内容描述居中显示并设置其样式。实现图片对齐显示，且图片内容介绍显示在图片右侧的效果。部分代码 CORE0111 如下。设置样式后效果如图 1.25 示。

代码 CORE0111　运动分享 CSS 代码

```
.our-blog .section-content> div {
    position: relative;
}
main-gym-fitness.css:79
.section-content> div {
    margin-bottom: 48px;
}
/* 设置图片样式 */
.img-responsive{
    display: block;
```

```
    max-width: 100%;
    height: auto;
}
/* 设置图片内容介绍显示样式 */
.our-blog .post-wrapper .content-block {
    width: calc(100% - 294px);
    float: left;
    padding-right: 24px;
}
/* 设置字体样式 */
.our-blog .post-wrapper .content-block .top-meta li a {
    color: #222;
}
.our-blog .post-wrapper .content-block .bottom-meta li a {
    color: #222;
}
```

图 1.25 运动分享设置样式后

第八步：底部部分的制作。

底部为版权信息制作，利用 <p> 标签写入版权信息即可完成制作。代码 CORE0112 如下。设置样式前效果如图 1.26 所示。

```
代码 CORE0112 版权信息制作
<footer class="main-footer " id="main-footer">
    <div class="bottom-ar">
            <div class="container">
                    <div class="row">
                            <div class="copy-right slideInRight" >
                                    <p> 版权 &copy; 2017 滨海迅腾科技集团 </p>
                            </div>
                    </div>
            </div>
    </div>
</footer>
```

设置版权信息样式，为了界面的美观，设置版权信息的背景颜色以及字体样式，并将版权信息居中显示。部分代码 CORE0113 如下。设置样式后效果如图 1.27 所示。

```
代码 CORE0113 版权信息 CSS 代码
.main-footer p {
    color: #bbb;
}
p {
    margin: 0 0 10px;
}
/* 设置背景颜色样式 */
.main-footer .bottom-bar {
    background: #222;
    padding: 24px 0;
}
    .main-footer .bottom-bar.copy-right {
    text-align:center;

    }
```

图 1.26 版权模块设置样式前   图 1.27 版权信息设置样式后

至此,基于"健身 Show"首页制作完成。

本项目通过学习"健身 Show"首页,对 Bootstrap 的由来和发展有初步的认识,并详细了解 Bootstrap3 的功能及特性,掌握 Bootstrap3 在"健身 Show"项目中的使用。

tooltips	工具提示	bug	错误
popovers	弹窗	responsive	响庆
container	容器	fonts	字体
list group	列表组	CSS	层叠样式表
panels	面板	JavaScript	脚本语言

一、选择题

1. Bootstrap 创建于（   ）年。

A.2008   B.2009   C.2010   D.2011

2. 以下哪个不是 Web 前端开发工具（   ）。

A.Dreamweaver   B.WebStorm   C.Sublime Text   D.Sql Server

3. Bootstrap3.x 诞生于（   ）年。

A.2008   B.2009   C.2010   D.2013

4. 以下哪个不是 Bootstrap 4 alpha 版的最主要变化（   ）。

A. 新的自定义选项   B. 不再支持 IE8

C. 改进文档   D. 扁平化设计风格

5. 下载编译版 Bootstrap 不包含（   ）。

A. 文档和源码文件   B. 编译并压缩后的 CSS

C. 编译并压缩后的 JavaScript   D. 字体文件

二、填空题

1. Bootstrap 是目前最流行的 _____ 前端库。

2. Bootstrap 是由 _____ 公司设计师编写。

3. Bootstrap 是简化 _____ 和 _____，结合 _____ 的一款基于 Web 应用程序，优美、规范的前端库。

4. Bootstrap2 的重大改变是添加了 _____ 的特性，采用了灵活的 12 栏栅格布局。此外更新了 _____ 和 _____ 并增加了新的样式。

5. Bootstrap 压缩包包括两个版本，一个是 _____，另一个是 _____。

三、上机题

使用 Bootstrap 编写符合以下要求的网页。

要求：用 <h1> 标签，效果图如下所示。

让我们一起学习bootstrap

项目二　基于"健身 Show"运动分类界面的实现

通过"健身 Show"运动分类界面的实现,了解该界面如何将信息以文字、图片的方式简洁大方地呈现出来,学习 Bootstrap 基本样式的使用,掌握 Bootstrap 输入框组的应用,具有使用 Bootstrap 基本样式制作导航条的能力。在任务实现过程中:

- 了解如何将界面信息以文字、图片呈现。
- 掌握 Bootstrap 基本样式的使用。
- 掌握 Bootstrap 输入框组的应用。
- 具有使用 Bootstrap 基本样式制作导航条的能力。

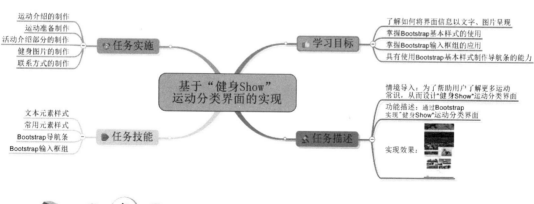

【情境导入】

开发该网站的基本原则就是界面要简洁、美观、大方。大多数人在健身时没有科学的方法和措施,有可能会导致关节受伤等意外伤害。运动分类模块主要介绍每个类别的运动,并介绍了每个运动的基本信息和注意事项。该模块可以帮助用户了解更多运动常识,让用户在运动时懂得如何科学地保护自己。本项目主要通过实现"健身 Show"运动分类界面来学习 Bootstrap 导航条的相关知识。

【功能描述】

本项目将实现"健身 Show"运动分类界面。

- 使用导航条组件实现导航条的美化。
- 使用字体样式设置运动分类界面字体的样式。
- 使用图片样式设置运动分类界面图片的显示方式。
- 使用输入框组实现表单信息的输入。

【基本框架】

基本框架如图 2.1 所示。通过本项目的学习,能将框架图 2.1 转换成"健身 Show"运动分类界面,效果如图 2.2 所示。

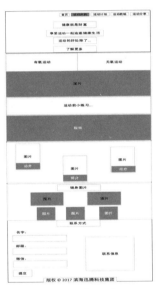

图 2.1　框架图

图 2.2　效果图

技能点 1　文本元素样式

现如今,越来越多的网页使用视频、图片等多媒体形式表达信息,但是文字对内容的描述也是必不可少的。文字表达信息具有内容丰富、信息准确等特点。本项目通过使用字体样式设置运动分类界面的字体。

1　内联子标题

内联子标题是子标题和标题在同一行显示，通过向标题两旁添加 \<small\> 标签，或者添加 class="small"，就能得到内联子标题，该标题比普通标题字号更小、颜色更浅。使用内联子标题效果如图 2.3 所示。

标题1<small>副标题1</small>

图 2.3　内联子标题示例

为了实现图 2.3 的效果，新建 CORE0201.html，代码如 CORE0201 所示。

```
代码 CORE0201　内联子标题
<!DOCTYPE html>
<html>
    <head>
            <meta charset="utf-8" />
            <title> 标题 </title>
            <link  href="css/bootstrap-3.3.7.css">
    </head>
    <body>
            <h1> 标题 1<small> 子标题 </small></h1>
    </body>
</html>
```

2　强调信息样式

在网页文本的制作过程中难免会遇到需要强调的信息，例如某些文字、某一段落。HTML 中具有两个重点强调的标签：\<b\> 和 \<strong\>。Bootstrap 也定义了一套强调类工具，通过颜色来进行强调。Bootstrap 定义的强调信息样式如表 2.1 所示。

表 2.1　Bootstrap 强调信息样式

属　　性	说　　明
.text-muted	提示信息，浅灰色
.text-warning	警告信息，黄色
.text-danger	危险信息，红色

属　　性	说　　明
.text-info	通知信息，浅蓝色
.text-success	成功信息，浅绿色

使用强调信息样式效果如图 2.4 所示。

Bootstrap也定义了一套强调类工具

Bootstrap也定义了一套强调类工具

Bootstrap也定义了一套强调类工具

Bootstrap也定义了一套强调类工具

Bootstrap也定义了一套强调类工具

图 2.4　强调信息样式示例

为了实现图 2.4 的效果，新建 CORE0202.html，代码如 CORE0202 所示。

代码 CORE0202　强调信息样式

```
<!DOCTYPE html>
<html>
    <head>
            <meta charset="utf-8">
            <title></title>
            <link  href="css/bootstrap-3.3.7.css">
    </head>
    <body>
            <p class="text-muted">Bootstrap 也定义了一套强调类工具 </p>
            <p class="text-warning">Bootstrap 也定义了一套强调类工具 </p>
            <p class="text-danger">Bootstrap 也定义了一套强调类工具 </p>
            <p class="text-info">Bootstrap 也定义了一套强调类工具 </p>
            <p class="text-success">Bootstrap 也定义了一套强调类工具 </p>
    </body>
</html>
```

技能点 2　常用元素样式

1　表格样式

利用表格存放数据,可以使界面结构更简单,便于项目开发,节省时间。使用 Bootstrap 可以创建多样性的表格。实现方法是在 <table> 标签中添加 class="table",通过以下属性设置表格样式并且这些属性可以叠加使用。Bootstrap 表格属性如表 2.2 所示。

表 2.2　表格属性

属　　性	说　　明
.table	设置单元格添加内边距,在 <thead> 的底部设置一条 2px 的粗线,在每行记录的顶部有一条 1px 的细线
.table-striped	设置条纹背景(IE8 不支持)
.table-bordered	设置单元格边框
.table-hover	设置鼠标悬停状态
.table-condensed	设置表格间距,使表格更紧凑
.table-responsive	设置响应式表格,在屏幕小于 768px 水平滚动。当屏幕大于 768px 宽度时,水平滚动条消失

在制作表格过程中,需要将某些表格行或者单元格进行特殊标记,通过为表格单元格的行容器元素 <tr> 标签添加相应的 class 属性可实现该效果,标记属性如表 2.3 所示。

表 2.3　标记属性

属　　性	说　　明
.active	表示将悬停的颜色应用在行或者单元格上
.success	表示成功信息,浅绿色
.info	表示通知信息,浅蓝色
.warning	表示警告信息,黄色
.danger	表示危险信息,红色

使用表格样式效果如图 2.5 所示。

姓名	年龄
李四	18
张三	19

图 2.5　表格样式示例

为了实现图 2.5 的效果，新建 CORE0203.html，代码如 CORE0203 所示。

代码 CORE0203 表格样式

```html
<!DOCTYPE html>
<html>
<head>
    <meta charset="utf-8">
    <title></title>
    <link  href="css/bootstrap-3.3.7.css">
</head>
<body >
<table class="table table-bordered table-striped table-hover table-condensed">
    <thead>
            <tr class="info">
                    <th> 姓名 </th>
                    <th> 年龄 </th>
            </tr>
    </thead>
    <tbody>
            <tr>
                    <td class="active"> 李四 </td>
                    <td class="success">18</td>
            </tr>
            <tr>
                    <td class="warning"> 张三 </td>
                    <td class="danger">19</td>
            </tr>
    </tbody>
</table>
</body>
</html>
```

2 表单样式

表单有很多种类型，如文本输入框、下拉菜单、单选框、复选框、提交按钮等，Bootstrap 提供了一套风格统一、简洁美观的表单样式。只需引入 bootstrap.css，无需做任何配置，表单样式即可生效。表单样式属性如表 2.4 所示。

表 2.4 **Bootstrap 表单样式属性**

属 性	说 明
.form-control	设置垂直表单,默认宽度属性为 width:100%
.form-inline	设置内联表单
.form-horizontal	设置水平表单

使用内联表单效果如图 2.6 所示。

邮箱: 请输入邮箱　　　密码: 请输入密码　　□记住密码　提交

图 2.6 **内联表单示例**

为了实现图 2.6 的效果,新建 CORE0204.html,代码如 CORE0204 所示。

代码 CORE0204 内联表单

```html
<!DOCTYPE html>
<html>
    <head>
            <meta charset="UTF-8">
            <title></title>
            <link  href="css/bootstrap-3.3.7.css">
    </head>
    <body >
            <form class="form-inline" role="form">
                <div class="form-group">
                    <label for="name"> 邮箱 </label>
                    <input  type="email"  class="form-control"  id="name"
placeholder=" 请输入邮箱 ">
                </div>
                <div class="form-group">
                    <label for="name"> 密码 </label>
                    <input  type="password" class="form-control" id="name"
placeholder=" 请输入密码 ">
                </div>
                <div class="checkbox">
                    <label> 记住密码 </label>
                    <input type="checkbox">
                </div>
                <button type="submit" class="btn btn-default"> 提交 </button>
```

```
            </form>
        </body>
    </html>
```

　　　　提示　在网站开发的过程中，如果想要使表单中单选框或多选框更加美观，拥有更多相关样式，扫描下方二维码，将会为你的网站添加更多的色彩。快来扫我吧！

3　按钮样式

在网页中按钮的应用随处可见，如在表单中添加立体感、动态化的按钮会使页面更加具有吸引力。Bootstrap 提供了多种按钮样式，来提高用户的视觉体验。按钮主要分为颜色设置和有尺寸设置。

（1）按钮颜色设置

为按钮设置颜色可以使界面更美观，不同的颜色设置提供额外的视觉效果，更加吸引用户眼球。通过 .btn-* 属性可以快速创建一个带有颜色的按钮。按钮颜色属性如表 2.5 所示。

表 2.5　Bootstrap 按钮颜色属性

属　　性	说　　明
.btn-default	标准样式，白色
.btn-primary	主要按钮，深蓝色
.btn-success	成功按钮，浅绿色
.btn-info	消息按钮，浅蓝色
.btn-warning	警告按钮，黄色
.btn-danger	危险按钮，红色
.btn-link	链接按钮

使用按钮颜色设置效果如图 2.7 所示。

图 2.7　按钮颜色设置示例

为了实现图 2.7 的效果，新建 CORE0205.html，代码如 CORE0205 所示。

代码 CORE0205 按钮颜色设置

```html
<!DOCTYPE html>
<html>
<head>
    <meta charset="UTF-8">
    <title></title>
    <link  href="css/bootstrap-3.3.7.css">
</head>
<body>
<button type="button" class="btn btn-default"> 标准样式 </button>
<button type="button" class="btn btn-primary"> 主要按钮 </button><br />
<button type="button" class="btn btn-success"> 成功 </button>
<button type="button" class="btn btn-info"> 信息 </button><br />
<button type="button" class="btn btn-warning"> 警告 </button>
<button type="button" class="btn btn-danger"> 危险操作 </button>
</body>
</html>
```

（2）按钮尺寸设置

在一个页面中,设置按钮的颜色是不够的,还需设置按钮尺寸用来达到理想效果,按钮尺寸属性如表 2.6 所示。

表 2.6　按钮尺寸属性

属　　性	说　　明
.btn-lg	按钮尺寸比原始大
.btn-sm	按钮尺寸比原始小
.btn-xs	按钮尺寸比 .btn-sm 小
.btn-block	创建块级的按钮

使用按钮尺寸属性效果如图 2.8 所示。

图 2.8　按钮尺寸示例

为了实现图 2.8 的效果，新建 CORE0206.html，代码如 CORE0206 所示。

代码 CORE0206　按钮尺寸

```html
<!DOCTYPE html>
<html>
    <head>
        <meta charset="UTF-8">
        <title></title>
        <link  href="css/bootstrap-3.3.7.css">
    </head>
    <body>
    <p>
        <button type="button" class="btn btn-default btn-success">
            原始大小
        </button>
        <button type="button" class="btn btn-default">
            原始大小
        </button>
    </p>
    <p>
        <button type="button" class="btn btn-default btn-lg btn-success">
            大号
        </button>
        <button type="button" class="btn btn-default btn-lg">
            大号
        </button>
    </p>
    <p>
        <button type="button" class="btn btn-default btn-sm btn-success">
            小号
        </button>
        <button type="button" class="btn btn-default btn-sm">
            小号
        </button>
    </p>
    <p>
        <button type="button" class="btn btn-default btn-xs btn-success">
            特小号
```

```
            </button>
            <button type="button" class="btn btn-default btn-xs">
                特小号
            </button>
        </p>
    </body>
</html>
```

4　图片样式

在页面制作过程中,为了使页面更美观,需修改图片的样式。Bootstrap 提供了多种属性,用来设置图片的样式,以达到改变图片的弧度、边框等效果。Bootstrap 中常用的设置图片的属性如表 2.7 所示。

表 2.7　图片属性

属　　性	说　　明
.img-rounded	获得带有圆角的图片
.img-circle	获得圆形图片,图片设置不同的宽高显示不同的圆
.img-thumbnail	获得带有边框的图片
.img-responsive	使图片支持响应式设计

使用图片样式效果如图 2.9 所示。

图 2.9　图片样式示例

为了实现图 2.9 的效果,新建 CORE0207.html,代码如 CORE0207 所示。

代码 CORE0207　图片样式

```
<!DOCTYPE html>
<html>
<head>
    <meta charset="UTF-8">
    <title></title>
    <link  href="css/bootstrap-3.3.7.css">
```

```
    <style>
        img{
            width: 100px;
            height: 100px;
        }
    </style>
</head>
    <body >
            <img src="img/photo1.png" class="img-rounded" >
            <img src="img/photo2.png" class="img-circle" >
            <img src="img/photo3.png" >
            <img src="img/photo3.png" class="img-thumbnail" >
    </body>
</html>
```

技能点 3　Bootstrap 导航条

　　导航条是界面设计中不可缺少的一部分,主要作用是为网站的访问者提供指引,使其快速、方便的访问到所需内容。Bootstrap 中导航条都需要通过 nav 类实现基础的导航样式,.nav 属性不提供默认的导航样式,必须附加在另一个样式上使用。为此 Bootstrap 提供了多种风格的导航样式。Bootstrap 导航条设置样式的属性如表 2.8 所示。

表 2.8　Bootstrap 导航条样式属性

属　　　性	说　　　明
.navbar-nav	基础导航条
.navbar-form	设置表单导航,导航条内部添加表单组件
.navbar-link	设置在标准的导航组件之外添加标准链接,让链接有正确的颜色和反色
.navbar-text	设置导航条中的文本
.navbar-btn	设置导航条中的按钮
.navbar-fixed-bottom	设置导航条固定在底部
.navbar-fixed-top	设置导航条固定在顶部
.navbar-defaul	设置导航条为默认主题,设置颜色等
.navbar-inverse	设置导航条为黑色主题
.navbar-toggle	设置 button 元素为导航条组件的切换按钮

使用导航条效果如图 2.10 所示。

图 2.10　导航条效果示例

为了实现图 2.10 的效果,新建 CORE0208.html,代码如 CORE0208 所示。

代码 CORE0208　导航条

```html
<!DOCTYPE html>
<html>
    <head>
        <meta charset="UTF-8">
        <title></title>
        <link href="css/bootstrap-3.3.7.css" type="text/css">
        <script src="js/jquery-1.9.1.min.js"></script>
        <script src="js/bootstrap-3.3.7.js"></script>
        <style>
            h1 {
                margin-top: 80px;
                margin-bottom: 80px;
            }
        </style>
    </head>
    <body>
    <nav class="navbar navbar-inverse navbar-fixed-top"role="navigation">
        <div class="container-fluid">
            <div class="navbar-header">
                <button type="button" class="navbar-toggle collapsed"
data-toggle="collapse" data-target="#mytab">
                    <span class="sr-only"></span>
                    <span class="icon-bar"></span>
```

```
            <span class="icon-bar"></span>
            <span class="icon-bar"></span>
        </button>
    </div>
    <div class="collapse navbar-collapse" id="mytab">
        <ul class="nav navbar-nav">
            <li class="active">
                <a href="#"> 首页 </a>
            </li>
            <li>
                <a href="#"> 运动教练 </a>
            </li>
            <li>
                <a href="#"> 运动分享 </a>
            </li>
        </ul>
        <form class="navbar-form navbar-left" role="search">
            <div class="form-group">
                <label class="sr-only"></label>
                <input type="text" class="form-control" placeholder=" 请
输入搜索内容 " />
            </div>
            <button type="submit" class="btn btn-default navbar-btn">
                搜索
            </button>
        </form>
    </div>
</div>
</nav>
<nav class="navbar navbar-default navbar-fixed-bottom" role="navigation">
    <ol class="breadcrumb">
        <li>
            <a href="#"> 首页 </a>
        </li>
        <li>
            <a href="#"> 运动教练 </a>
        </li>
        <li>
```

```
                    <a href="#"> 运动分享 </a>
                </li>
            </ol>
    </nav>
    </body>
    </html>
```

技能点 4　Bootstrap 输入框组

在网站设计中,输入框组扩展自表单控件,其大多数情况下会被应用于登录和注册界面。为了界面的美观,输入框通过 class="form-control" 设置宽度为 100%,并设置边框为 4px 等。

1　基本输入框组

根据页面的需求,通过给 class="input-group" 添加相应的尺寸类,其内部包含的元素将自动调整自身尺寸。不需要为输入框组中的每个元素重复地添加控制尺寸的类。尺寸类属性如表 2.9 所示。

表 2.9　尺寸类属性

属　　性	说　　明
.input-group-lg	输入框比原始大
.input-group-sm	输入框比原始小

使用基本输入框组的步骤如下:

第一步:创建带有 class="input-group" 的 <div>,代码如下所示。

```
<div class="input-group"></div>
```

第二步:添加 <input> 元素在 class="input-group" 的 <div> 中,代码如下所示。

```
<div class="input-group">
<input type="text" class="form-control" placeholder=" 请输入您的姓名 " aria-de-
scribedby="name">
    </div>
```

使用基本输入框效果如图 2.11 所示。

图 2.11　基本输入框组示例

为了实现图 2.11 的效果，新建 CORE0209.html，代码如 CORE0209 所示。

```
代码 CORE0209  基本输入框
<!DOCTYPE html>
<html>
<head>
    <meta charset="UTF-8">
    <title></title>
    <link href="css/bootstrap-3.3.7.css" />
</head>
<body >
<div class="input-group input-group-lg">
  <input type="text" class="form-control" placeholder=" 请输入您的姓名 ">
</div><br />
<div class="input-group">
  <input type="text" class="form-control" placeholder=" 请输入您的 qq 邮箱 ">
</div><br />
<div class="input-group input-group-sm">
  <input type="text" class="form-control"  placeholder=" 您的消费金额 ">
</div>
</body>
</html>
```

2　额外元素

通过将功能作为额外元素添加到输入框组中，使界面更加清晰、美观，用户更加方便的浏览页面。例如，将多选框、单选框、下拉菜单、按钮等作为额外元素添加到输入框组中。使用额外元素步骤如下所示。

第一步：创建带有 class="input-group" 的 <div>。代码如下所示。

```
<div class="input-group"> 姓名 </div>
```

第二步：在 class="input-group-addon" 的 <span> 内放置额外的内容。代码如下所示。

```
<span class="input-group-addon"> 姓名 </span>
```

第三步：把该 <span> 放置在 <input> 元素的前面或者后面。代码如下所示。

```
<div class="input-group">
    <span class="input-group-addon" > 姓名 </span>
    <input type="text" class="form-control" placeholder=" 请输入您的姓名 " aria-de-
scribedby="name">
    </div>
```

额外元素有多种，通过更换 <span> 标签内的内容设置额外元素，以下为额外元素的应用。

（1）复选框和单选框

通过将复选框和单选框作为额外元素添加到输入框组内，代码如下所示。

```
<!-- 使用复选框 -->
<div class="col-lg-4">
    <div class="input-group">
        <span class="input-group-addon">
            <input type="checkbox" >
        </span>
        <input type="text" class="form-control">
    </div>
</div><br />
<!-- 使用单选框 -->
<div class="col-lg-4">
    <div class="input-group">
        <span class="input-group-addon">
            <input type="radio" >
        </span>
        <input type="text" class="form-control">
    </div>
</div>
```

（2）按钮

当按钮作为额外元素时，需要用 <button> 来代替 <input>，<span> 中要用 class="input-group-btn" 来代替 class="input-group-addon"，否则按钮会大于输入框，不美观，代码如下所示。

```
<div class="row">
    <div class="col-lg-6">
        <div class="input-group">
        <span class="input-group-btn">
            <button class="btn btn-default" type="button">
                搜索
            </button>
        </span>
        <input type="text" class="form-control" placeholder=" 写入您要搜索的内
容 ">
        </div>
    </div>
</div>
```

（3）下拉菜单

　　在输入框组中添加带有下拉菜单的按钮, 只需要在一个 class="input-group-btn" 中包裹按钮和下拉菜单即可, 代码如下所示。

```
<div class="row">
    <div class="col-lg-6">
        <div class="input-group">
        <span class="input-group-btn">
            <button class="btn btn-default" type="button">
                搜索
            </button>
        </span>
        <input type="text" class="form-control" placeholder=" 写入您要搜索的内
容 ">
        </div>
    </div>
</div>
```

（4）分割式下拉菜单按钮

　　在输入框组中添加带有下拉菜单的分割按钮, 使用与下拉菜单按钮大致相同的样式, 但是对下拉菜单添加了主要的功能, 代码如下所示。

```
<form class="bs-example bs-example-form" role="form">
    <div class="row">
    <div class="col-lg-6">
    <div class="input-group">
```

```
        <div class="input-group-btn">
            <button type="button" class="btn btn-default" tabindex="-1">
                下拉菜单
            </button>
            <button type="button" class="btn btn-default dropdown-toggle" data-tog-
gle="dropdown" tabindex="-1">
                <span class="caret"></span>
                <span class="sr-only"> 切换下拉菜单 </span>
            </button>
            <ul class="dropdown-menu">
                <li><a href="#"> 功能 </a></li>
                <li><a href="#"> 另一个功能 </a></li>
                <li><a href="#"> 其他 </a></li>
            </ul>
        </div>
        <input type="text" class="form-control">
    </div>
    </div>
    </div>
    </form>
```

使用额外元素效果如图 2.12 所示。

图 2.12　额外元素的应用示例

为了实现图 2.12 的效果,新建 CORE0210.html,代码如 CORE0210 所示。

代码 CORE0210　额外元素的应用
<!DOCTYPE html>
<html>
<head>

```
        <meta charset="UTF-8">
        <title></title>
        <link href="css/bootstrap-3.3.7.css" />
        <script src="js/jquery-1.9.1.min.js"></script>
        <script src="js/bootstrap-3.3.7.js"></script>
</head>
<body style="margin: 100px;">
    <!-- 使用复选框 -->
    <div class="col-lg-4">
        <div class="input-group">
            <span class="input-group-addon">
                <input type="checkbox" >
            </span>
            <input type="text" class="form-control">
        </div>
    </div><br />
    <!-- 使用单选框 -->
    <div class="col-lg-4">
        <div class="input-group">
            <span class="input-group-addon">
                <input type="radio" >
            </span>
            <input type="text" class="form-control">
        </div>
    </div>
    <br />
    <!-- 使用按钮 -->
    <div class="row">
        <div class="col-lg-6">
            <div class="input-group">
                <span class="input-group-btn">
                    <button class="btn btn-default" type="button">
                        搜索
                    </button>
                </span>
                <input type="text" class="form-control" placeholder=" 写入您要
搜索的内容 ">
            </div>
```

```
                        </div>
        </div><br />
        <!-- 使用下拉菜单 -->
        <div class="row">
          <div class="col-lg-6">
              <div class="input-group">
                  <div class="input-group-btn">
                      <button type="button" class="btn btn-default drop-
down-toggle" data-toggle="dropdown" aria-haspopup="true" aria-expanded="false">
                          分类 1
                          <span class="caret"></span>
                      </button>
                      <ul class="dropdown-menu">
                          <li>
                              <a href="#"> 分类 2</a>
                          </li>
                          <li>
                              <a href="#"> 分类 3</a>
                          </li>
                          <li>
                              <a href="#"> 分类 4</a>
                          </li>
                          <li>
                              <a href="#"> 分类 5</a>
                          </li>
                      </ul>
                  </div>
                  <input type="text" class="form-control">
                  <div class="input-group-btn">
                      <button type="button" class="btn btn-default dropdownto-
ggle" data-toggle="dropdown" aria-haspopup="true" aria-expanded="false">
                          搜索
                      </button>
                  </div>
              </div>
          </div>
        </div><br />
        <!-- 使用分割式下拉菜单按钮 -->
```

```
<div>
<form class="bs-example bs-example-form" role="form">
  <div class="row">
    <div class="col-lg-6">
      <div class="input-group">
        <div class="input-group-btn">
          <button type="button" class="btn btn-default" tabindex="-1">
              下拉菜单
          </button>
          <button type="button" class="btn btn-default dropdown-toggle" data-toggle="dropdown" tabindex="-1">
              <span class="caret"></span>
              <span class="sr-only"> 切换下拉菜单 </span>
          </button>
          <ul class="dropdown-menu">
              <li>
                  <a href="#"> 功能 </a>
              </li>
              <li>
                  <a href="#"> 另一个功能 </va>
              </li>
              <li>
                  <a href="#"> 其他 </a>
              </li>
          </ul>
        </div>
        <input type="text" class="form-control">
      </div>
    </div>
  </div>
</form>
</div>
</body>
</html>
```

提示　你们团队是一个优秀的团队吗？你是一个合格的前端工程师吗？如果你想让自己更上一层楼，不妨扫一扫下方的二维码，会使你和团队之间变得更加融洽，配合更加默契。

通过下面七个步骤的操作,实现图 2.2 所示的基于"健身 Show"运动分类界面的效果。

第一步:打开 Sublime Text 2 软件,如图 2.13 所示。

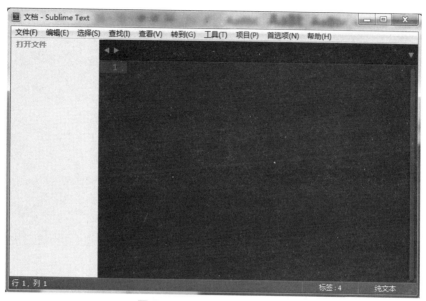

图 2.13 Sublime Text 2 界面

第二步:点击创建并保存为 CORE0211.html 文件,并通过外联方式导入 CSS 文件和 JS 文件。如图 2.14 所示。

图 2.14 导入 CSS 和 JS

第三步：运动介绍的制作。

采用 <h4>、<p> 标签对有氧运动和无氧运动进行介绍，通过栅格系统进行页面布局。部分代码 CORE0212 如下。设置样式前效果如图 2.15 所示。

```
代码 CORE0212 运动介绍
<div class="banner-section">
    <div class="banner-bottom">
        <div class="col-md-6 text-bottom">
            <h4> 有氧运动 </h4>
            <p><!-- 内容省略 --></p>
        </div>
        <div class="col-md-6 text-bottom">
            <h4> 无氧运动 </h4>
            <p><!-- 内容省略 --></p>
        </div>
    </div>
</div>
```

图 2.15　运动介绍设置样式前

设置运动介绍样式，为运动模块插入背景，设置文字的字体样式及位置。代码 CORE0213 如下。设置样式后效果如图 2.16 所示。

第四步：运动准备制作。

通过 <h3>、<h4>、<p> 标签对运动前准备进行介绍，采用无序列表和栅格系统进行页面布局。部分代码 CORE0214 如下。效果如图 2.17 所示。

代码 CORE0213　运动介绍 CSS 代码

```css
/* 设置背景样式 */
.text-bottom {
  padding: 0;
  padding: 2em 4em;
  background: #E6E7EA;
  border-left: 4px solid #AF2D39;
}
/* 设置背景图片样式 */
@media (max-width: 1440px)
style.scss:1331
.banner-bottom {
  min-height: 675px;
}

.banner-bottom {
  background: url(../images/7.jpg)no-repeat center;
  background-size: cover;
  min-height: 720px;
}
.text-bottom:nth-child(2) {
  background: #f4f4f4;
}
/* 设置字体样式 */
.text-bottom h4 {
  color: #AF2D39;
  font-size: 1.5em;
  font-weight: bold;
  text-transform: uppercase;
}
.text-bottom p {
  color: #777;
  line-height: 1.9em;
  margin: 1em 0;
  font-size: 1em;
}
```

图 2.16　运动介绍设置样式后

代码 CORE0214　运动准备的制作

```
<div class="features" id="feature">
    <div class="container">
        <div class="col-md-5 features-left">
        <div class="trainer-gent-inner">
                    <div class="features-text">
                    <h3> 健身前短暂运动 </h3>
                    <h4> 肩膀和手臂运动 </h4>
                    <p><!-- 内容省略 --></p>
                </div>
            </div>
        </div>
        <div class="col-md-7 features-right">
            <ul class="workout-exercises">
                <li>
                    <h4> 站着划船运动 3 分钟重复一次 </h4>
                    <p><!-- 内容省略 --></p>
                </li>
                <li>
                    <h4> 稳定头骨原地跑 3 分钟 20 个 </h4>
                    <p><!-- 内容省略 --></p>
                </li>
                <li>
```

```
                    <h4> 斜坡哑铃仰卧起坐 3 分钟重复一次 </h4>
                    <p><!-- 内容省略 --></p>
                </li>
            </ul>
        </div>
        <div class="clearfix"></div>
    </div>
</div>
```

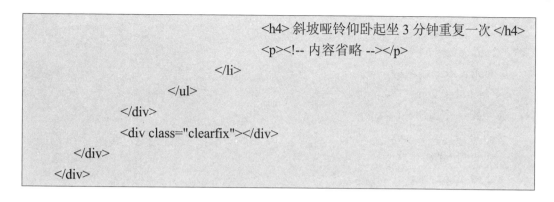

图 2.17 运动准备设置样式前

设置运动准备样式,需要为运动准备模块添加背景颜色,设置其字体的样式及小标题所对应的编号。部分代码 CORE0215 如下。设置样式后效果如图 2.18 所示。

代码 CORE0215 运动准备 CSS 代码

```css
.features {
    padding: 4em 0;
    background-color: #33384C;
}
/* 设置字体样式 */
.features-text h3 {
    color: #AF2D39;
    font-size: 3em;
    font-weight: bold;
    line-height: 1.6em;
    text-align: left;
```

```
        }
        .features-text h4 {
            color: #fff;
            font-size: 2em;
            font-weight: bold;
            line-height: 1.6em;
            width: 60%;
            text-align: left;
        }
        .features-text p {
            color: #70789A;
            line-height: 1.9em;
            margin: 1em 0;
            font-size: 1em;
        }
        ul.workout-exercises h4 {
            color: #AF2D39;
            font-size: 1.5em;
            font-weight: bold;
            line-height: 1.6em;
        }
        ul.workout-exercises p {
            color: #fff;
            line-height: 1.9em;
            margin: 1em 0;
            font-size: 1em;
        }
        ul.workout-exercises li {
            position: relative;
            padding: 8px 0 10px 210px;
            margin: 0;
            list-style: none;
        }
        /* 设置图标样式 */
        ul.workout-exercises li:nth-child(1):before {
            content: '1';
        }
        ul.workout-exercises li:before {
```

```
    content: '';
    width: 40px;
    height: 40px;
    border: 2px solid #fff;
    border-radius: 50%;
    font-size: 17px;
    color: #fff;
    line-height: 36px;
    text-align: center;
    position: absolute;
    top: 0;
    left: 75px;
}
ul.workout-exercises li:after {
    content: '';
    width: 2px;
    background-color: #fff;
    position: absolute;
    top: 40px;
    left: 94px;
    bottom: 0;
}
```

图 2.18 运动准备设置样式后

第五步：活动介绍部分的制作。

活动介绍由文字、图片组成，通过 <img> 标签插入图片，使用栅格系统进行布局。部分代码 CORE0216 如下。设置样式前效果如图 2.19 所示。

```
代码 CORE0216  活动介绍的制作

<div id="video" class="video">
    <a class="play-icon popup-with-zoom-anim" href="#small-dialog"></a>
</div>
<div class="trainer" id="trainer">
    <div class="col-md-7 trainer-gent">
        <div class="trainer-gent-inner">
            <img  src="images/gent.jpg"  class="img-responsive"  alt=""
/>
            <div class="trainer-text">
                <h4> 高抬腿运动 </h4>
                <p><!-- 内容省略 --></p>
            </div>
        </div>
        <div class="trainer-gent-inner">
            <img  src="images/gent1.jpg"  class="img-responsive"  alt=""
/>
            <div class="trainer-text">
                <h4> 哑铃飞鸟 </h4>
                <p><!-- 内容省略 --></p>
            </div>
        </div>
    </div>
    <div class="col-md-5 trainer-lady">
        <div class="trainer-text lady">
            <h4> 双手举哑铃 </h4>
            <p><!-- 内容省略 --></p>
        </div>
        <img src="images/lady.jpg" class="img-responsive" alt="" />
    </div>
    <div class="clearfix"></div>
</div>
```

图 2.19　活动介绍设置样式前

　　设置活动介绍样式,通过 CSS 插入一张图片并设置其样式。修改字体的样式,为其添加背景颜色。部分代码 CORE0217 如下。设置样式后效果如图 2.20 所示。

```css
代码 CORE0217  活动介绍 CSS 代码
/* 设置插入图片样式 */
@media (max-width: 1366px)
.video {
    min-height: 430px;
}
.video {
    background: url(../images/v-bg.jpg) no-repeat 0px 0px;
    background-size: cover;
    -webkit-background-size: cover;
    -o-background-size: cover;
    -ms-background-size: cover;
    -moz-background-size: cover;
    min-height: 500px;
    position: relative;
}
/* 设置图片样式 */
.trainer img {
    width: 84%;
}
```

```
/* 设置字体样式 */
.trainer-text h4 {
    color: #33384C;
    font-size: 1.5em;
    font-weight: bold;
    text-transform: uppercase;
}
.trainer-text p {
    color: #777;
    line-height: 1.9em;
    margin: 1em 0;
    font-size: 1em;
}
/* 设置字体背景样式 */
.trainer-text {
    padding: 0;
    padding: 2em 4em;
    background: #E6E7EA;
    border-bottom: 4px solid #AF2D39;
}
```

图 2.20　活动介绍设置样式后

第六步：健身图片的制作。

健身图片使用 <figure> 元素标记图片，<figcaption> 标签为图片添加标题与介绍。部分代码 CORE0218 如下。设置样式前效果如图 2.21 所示。

```
代码 CORE0218 健身图片的制作
<div id="gallery" class="gallery">
<div class="container">
<h3 class="tittle"> 健身图片 </h3>
    <div class="gallery-grids">
    <div class="col-md-6 baner-top">
        <figure class="effect-bubba">
        <a href="images/g1.jpg" class="b-link-stripe b-animate-go thickbox">
            <img src="images/g1.jpg" alt="" class="img-responsive" />
        <figcaption>
            <h4> 健身注意点 </h4>

            <p> 运动量大小的设定要适合自己的身体状况 </p>
        </figcaption>
        </a>
        </figure>
    </div>
    </div>
</div>
</div>
```

图 2.21　健身图片设置样式前

设置健身图片的样式,将标题居中显示并修改其样式。实现将图片内容文字介绍隐藏,当

鼠标移动到图片上时显示，移走时消失的效果。部分代码 CORE0219 如下。设置样式后效果
如图 2.22 所示。

代码 CORE0219　健身图片 CSS 代码

```
/* 设置标题字体样式 */
h3.tittle {
    color: #33384C;
    font-size: 3em;
    text-align: center;
    font-weight: bold;
}
.gallery-grids figure figcaption {
    position: absolute;
    top: 0;
    left: 0;
    width: 100%;
    height: 100%;
}
/* 设置动画效果样式 */
figure.effect-bubba p {
    padding: 12px 2.5em;
    opacity: 0;
    -webkit-transition: opacity 0.35s, -webkit-transform 0.35s;
    -moz-transition: opacity 0.35s, -moz-transform 0.35s;
    -o-transition: opacity 0.35s, -o-transform 0.35s;
    -ms-transition: opacity 0.35s, -ms-transform 0.35s;
    transition: opacity 0.35s, transform 0.35s;
    -webkit-transform: translate3d(0,20px,0);
    -moz-transform: translate3d(0,20px,0);
    -o-transform: translate3d(0,20px,0);
    -ms-transform: translate3d(0,20px,0);
    transform: translate3d(0,20px,0);
}
figcaption p {
    font-size: 1em;
    width: 80%;
    margin: 0 auto;
    line-height: 1.8em;
```

```
    }
    .gallery-grids h4 {
        font-size: 2.1em;
        color: #fff;
    }
```

图 2.22　健身图片设置样式后

第七步：联系方式的制作。

利用表单设置联系方式，通过 <i> 标签插入字体图标代替文字。部分代码 CORE0220 如下。设置样式前效果如图 2.23 所示。

代码 CORE0220　联系方式的制作

`<div class="contact" id="contact">`
`<div class="container">`
`    <h3 class="tittle"> 联系方式 </h3>`
`    <div class="contact-form">`
`    <div class="col-md-6 contact-grid">`
`        <form>`
`    <p class="your-para"> 名字 :</p>`

```html
                <input type="text" value="" onfocus="this.value=';" onblur="if (this.value
== ') {this.value =';}">
                <p class="your-para"> 邮箱 :</p>
                <input type="text" value="" onfocus="this.value=';" onblur="if (this.value
== ') {this.value =';}">
                <p class="your-para"> 微信 :</p>
                <textarea cols="77" rows="6" value=" " onfocus="this.value=';" on-
blur="if (this.value == ') {this.value = ';}"></textarea>
            <div class="send">
                    <input type="submit" value=" 提交 ">
            </div>
    </form>
    </div>
    <div class="col-md-6 contact-in">
        <h5> 联系信息 </h5>
        <p class="para1"></p>
        <div class="more-address">
        <div class="address-more">
                <p class="location">
                    <i class="glyphicon glyphicon-map-marker"></i>
幸福大街 16 号
</p>
                <p class="phone">
<i class="glyphicon glyphicon-phone"></i>
18712759690
</p>
<p class="mail">
<i class="glyphicon glyphicon-envelope"></i>
                    <a href="mailto:info@example.com">
xi2273677418@example.com
</a>
    </p>
        </div>
        </div>
    </div>
    <div class="clearfix">
    </div>
    </div>
```

```
      </div>
   </div>
```

设置联系方式的样式,为了界面的美观,为联系方式模块添加背景色并设置其字体样式。部分代码 CORE0221 如下。设置样式后效果如图 2.24 所示。

图 2.23　联系方式设置样式前

代码 CORE0221　联系方式 CSS 代码

```
/* 设置背景样式 */
.contact {
    padding: 5em 0;
    background-color: #f7f7f7;
}
/* 设置字体样式 */
h3.tittle {
    color: #33384C;
    font-size: 3em;
```

```css
    text-align: center;
    font-weight: bold;
}
.contact-in h5 {
    color: #AF2D39;
    font-size: 2em;
    font-weight: 400;
    margin-bottom: 0.5em;
}
/* 设置输入框样式 */
.contact-grid input[type="text"], .contact-grid textarea {
    width: 100%;
    padding: 0.8em;
    margin: 0.6em 0;
    background: #fff;
    outline: none;
    border: 1px solid #DADADA;
    -webkit-appearance: none;
}
/* 设置提交按钮样式 */
.send input[type="submit"] {
    font-size: 1.1em;
    padding: 0.7em 2.5em;
    text-align: center;
    color: #fff;
    text-transform: uppercase;
    -webkit-appearance: none;
    transition: 0.5s all;
    background: #AF2D39;
}
```

图 2.24 联系方式设置样式后

至此,"健身 Show"运动分类界面制作完成。

本项目通过学习"健身 Show"运动分类界面,了解 Bootstrap 基本样式和主体样式的写法,掌握导航组件和导航条样式的使用,并通过对输入框组的学习,能制作出运动分类界面的联系方式模块,熟练地运用所学的导航条和主体样式制作美观、大方的导航栏。

font-size	字体大小	caption	标题
warning	警告	striped	条纹
danger	危险	border	边框

success	成功	textarea	文本区域
horizontal	水平	select	选择

任 务 习 题

一、选择题

1．列表排序可以通过使用（　　）样式把所有的列表项放在同一行中。

A.list-inline　　　　B.list-unstyled　　　　C.list-block　　　　　D.list-item

2．Bootstrap 创建表格通过为 \<table\> 标签添加（　　）来实现。

A.class="list"　　　B.class="table"　　　　C.class="dl"　　　　　D.class="ul"

3．将 .table 元素包裹在（　　）元素内，即可创建响应式表格。

A.table-responsive　B.table-striped　　　　C.table-bordered　　　D.table-condensed

4．\<input\>、\<textarea\> 和 \<select\> 元素设置了 .form-control 类，默认设置宽度属性为（　　）。

A.width: 100%　　　B.width: 50%　　　　　C.width: 80%　　　　D.width: 100px

5．Bootstrap 的导航组件，可以利用（　　）类实现堆叠式导航。

A.nav-stacked　　　B.nav-tabs　　　　　　C.nav-pills　　　　　D.nav

二、填空题

1．在 Bootstrap 中，\<p\> 标签里面的文字内容的默认样式为 ＿＿＿＿＿＿、＿＿＿＿＿＿。

2．除了表格基础样式，Bootstrap 还提供 ＿＿＿＿＿＿、＿＿＿＿＿＿、＿＿＿＿＿＿、＿＿＿＿＿＿ 附加样式。

3．表单有很多种类型，如 ＿＿＿＿＿＿、＿＿＿＿＿＿、＿＿＿＿＿＿、＿＿＿＿＿＿ 等。

4．在导航选项中添加下拉菜单，为选项添加 ＿＿＿＿＿＿ 类，为下拉菜单添加 ＿＿＿＿＿＿ 类，以及在选项的超链接中绑定激活属性 ＿＿＿＿＿＿。

5．如果希望在导航条中放置一个表单，需要添加 ＿＿＿＿＿＿ 样式类。

三、上机题

使用 Bootstrap 编写符合以下要求的网页。

要求：1. 主要包括小图标、下拉按钮、搜索框等。

2. 用 Bootstrap 按钮、字体图标、表单等知识点实现以下效果。

项目三 基于"健身 Show"运动计划界面的实现

通过实现"健身 Show"运动计划界面，了解 Bootstrap 轮播图、媒体对象在运动计划界面中的应用，学习 Bootstrap 的轮播图、列表组、进度条、媒体对象等相关知识，掌握 Bootstrap 进度条的相关配置，具有使用 Bootstrap 媒体对象编写特定样式的能力。在任务实现过程中：

- 了解 Bootstrap 轮播图、媒体对象在运动计划界面中的应用。
- 掌握 Bootstrap 进度条的实际应用。
- 了解 Bootstrap 列表组、媒体对象的相关知识。
- 具有使用 Bootstrap 媒体对象编写特定样式的能力。

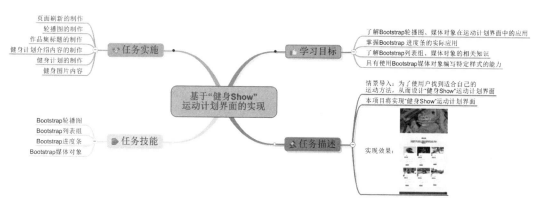

【情境导入】

网站的运动计划模块可以为每一位用户量身制定科学、系统的运动计划。让用户可以找到适合自己的运动方式，效果更佳显著。该模块的设计吸引了大量的女性用户，让大多数女生实现了自己的减肥计划。该模块以周为单位详细制定了每天的运动计划和饮食计划，让用户不仅有合理、适当的运动更有健康、绿色的饮食。本项目主要通过实现"健身 Show"运动计划界面来学习 Bootstrap 轮播图的相关知识。

【功能描述】

本项目将实现"健身 Show"运动计划界面。

- 使用进度条进行加载页面。
- 使用轮播图显示头部背景图片轮播。
- 使用媒体对象实现每天计划的效果。
- 使用列表组有序的显示健身计划列表。

【基本框架】

基本框架如图 3.1 所示。通过本项目的学习，能将框架图 3.1 转换成"健身 Show"运动计划界面，效果如图 3.2 所示。

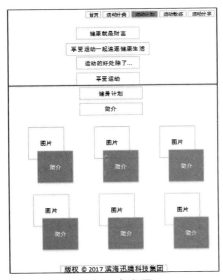

图 3.1　框架图

图 3.2　效果图

技能点 1　Bootstrap 轮播图

轮播图是以展示图片的方式传递信息，其图片要与网站内容相符，便于吸引用户眼球，有着良好的视觉效果。Bootstrap 提供的轮播图默认从左到右轮播,通过在左右图标上添加点击事件进行图片的切换。

1　轮播图样式

轮播图内容非常灵活,可以是图像、视频或者其他任何类型的内容,其中较为常用的是图像、视频。使用轮播图时,首先需要引用 jQuery 插件,然后引用 carousel.js 文件或者引用 bootstrap.js 文件。实现轮播图效果,需要在控制器元素上设置 data 属性,轮播图 data 属性如表 3.1 所示。

表 3.1　轮播图属性

属　　性	说　　明
.data-ride	设置轮播在页面加载时就开始动画播放,固定值 data-ride="carousel"
.data-target	设置轮播事件的目标,定义在轮播图计数器的每个 li 上
.data-slide	设置轮播的方向,取值包括 prev(向后滚动)、next(向前滚动)
.data-slide-to	设置用来传递某个帧的下标(下标从 0 开始计),定义在轮播图计数器的每个 li 上
.data-interval	设置幻灯片轮播的时间,默认为 5 秒,如果为 false,轮播将不会自动循环
.data-pause	设置默认鼠标停留在幻灯片区域即停止播放,离开即开始播放
.data-wrap	设置轮播是否循环播放
.slide	设置图片切换具有平滑感
.carousel-indica-tors	设置轮播图片计数器,显示当前图片播放顺序
.carousel-inner	设置轮播图播放区域,并将这个轮播区放到 class="carousel" 容器内
.carousel-control left/right	设置播放方向,向前 / 向后播放

轮播图插件支持外部调用,通过调用 carousel() 方法,并对其方法设置参数来实现图片轮播的效果,方法参数如表 3.2 所示。

表 3.2　carousel() 参数

参　　数	说　　明
cycle	从左向右循环播放
pause	停止循环播放
number	循环到指定的帧,下标从 0 开始,类似数组
prev	返回到上一帧
next	下一帧

使用轮播图效果如图 3.3 所示。

图 3.3　轮播图

为了实现图 3.3 的效果，新建 CORE0301.html，部分代码如 CORE0301 所示。

代码 CORE0301 轮播图

```html
<div id="myCarousel" class="carousel slide" data-ride="carousel" data-interval="1000">
    <ol class="carousel-indicators">
    <li data-target="#myCarousel" data-slide-to="0" class="active"></li>
    <li data-target="#myCarousel" data-slide-to="1"></li>
    <li data-target="#myCarousel" data-slide-to="2"></li>
    </ol>
    <div class="carousel-inner">
        <div class="item active">
                <img src="0313/0313/images/p1.jpg">
                <div class="carousel-caption">
                    <div>
                            <h3> 标题 </h3>
                            <p> 内容省略 </p>
                    </div>
                </div>
        </div>
    <!-- 省略部分图片 -->
        </div>
                <a class="carousel-control    left"   href="#myCarousel"   da-
ta-slide="prev">
                    <i class="glyphicon glyphicon-chevron-left"></i>
    </a>
        <a class="carousel-control right" href="#myCarousel" data-slide="next">
                <i class="glyphicon glyphicon-chevron-right"></i>
        </a>
    </div>
```

2　轮播图事件

默认情况下,在容器元素上定义 data-ride="carousel" 后,页面会自动加载该轮播图插件进行图片切换。除了使用 data 属性外,还可以使用 JavaScript 方法来实现图片轮播效果。在使用时,需要去除 data(前缀)。轮播图事件如表 3.3 所示。

表 3.3　轮播图事件

事　　件	说　　明
slide.bs.carousel	当调用 slide 实例方法时立即触发该事件
slid.bs.carousel	当轮播完成幻灯片过渡效果时触发该事件

轮播图触发 slide 事件,代码如下所示。

```html
<div id="myCarousel" class="carousel slide">
    <ol class="carousel-indicators">
        <li data-target="#myCarousel" data-slide-to="0" class="active"></li>
        <li data-target="#myCarousel" data-slide-to="1"></li>
        <li data-target="#myCarousel" data-slide-to="2"></li>
    </ol>
    <div class="carousel-inner">
        <div class="item active">
            <img src="0313/0313/images/p1.jpg" class="center-block">
            <div class="carousel-caption">
                <div>
                    <h3> 标题 </h3>
                    <p> 内容省略 </p>
                </div>
            </div>
        </div>
    </div>
    <a class="carousel-control left" href="#myCarousel" data-slide="prev">
        <i class="glyphicon glyphicon-chevron-left"></i>
    </a>
    <a class="carousel-control right" href="#myCarousel" data-slide="next">
        <i class="glyphicon glyphicon-chevron-right"></i>
    </a>
</div>
<script>
    $(function() {
```

```
        $('#myCarousel').on('slide.bs.carousel', function() {
            alert(" 当调用 slide 实例方法时立即触发该事件。");
        });
    });
</script>
```

提示 在开发电视节目网站时,精彩内容的轮播形式成为该网站一道靓丽的风景,在短短的时间内吸引更多的用户,扫描下方二维码,你将会了解轮播在电视节目网站中的应用。快来扫我吧!

技能点 2 Bootstrap 列表组

列表组可以用来制作列表清单、垂直导航等效果,是一个灵活又强大的组件。列表组不仅能用于显示一组简单的元素,还能用于自定义内容并且配合其他组件使用。

1 基本列表组

在 Bootstrap 库中的基础列表组主要包括两个部分:list-group（列表组容器,常用的是 ul、ol 或 div 元素）和 list-group-item（列表项,常用的是 li、div 元素）。基本列表组主要包括徽章、链接、情景类等列表组。

● 徽章列表组是在 class="list-group-item" 的列表项上添加 class="badge" 的徽章组件,并且它会自动定位到右边。

● 链接列表组是给每个列表项添加锚标签,并在有链接效果的 class="list-group-item active" 列表项后面添加一个 active 属性。

● 情景类列表组是为不同的状态提供了不同的背景色和文本色,列表组的背景色是固定的,不可以自定义,不同的背景色对应不同的属性值。

情境类列表组属性如表 3.4 所示。

表 3.4 情境类列表组属性

属　　性	说　　明
.list-group-item-warning	警告信息,黄色
.list-group-item-danger	错误信息,红色
.list-group-item-info	通知信息,蓝色
.list-group-item-success	成功信息,绿色

使用基本列表组效果如图 3.4 所示。

图 3.4 基本列表组

为了实现图 3.4 的效果，新建 CORE0302.html，代码如 CORE0302 所示。

代码 CORE0302 基本列表组

```html
<!DOCTYPE html>
<html>
    <head>
            <meta charset="UTF-8">
            <title></title>
            <link  href="css/bootstrap-3.3.7.css" >
    </head>
    <body>
            <ul class="list-group">
                <li class="list-group-item"> 基本列表 1</li>
                <li class="list-group-item"> 基本列表 2</li>
                <li class="list-group-item"> 基本列表 3</li>
            </ul>
            <ul class="list-group">
<li class="list-group-item"><span class="badge">14</span> 徽章列表 1</li>
            </ul>
            <div class="list-group">
                    <a href="#" class="list-group-item active"> 链接列表 1</a>
            </div>
            <ul class="list-group">
                    <li class="list-group-item list-group-item-success"> 情境类列表 1</li>
                    <li class="list-group-item list-group-item-info"> 情境类列表 2</li>
                    <li class="list-group-item list-group-item-warning"> 情境类列表 3</li>
```

```
                    <li class="list-group-item list-group-item-danger"> 情境类列表
4</li>
                </ul>
        </body>
    </html>
```

2　自定义列表组

自定义列表组就是向 list-group-item 列表项添加任意 HTML 内容来自己定义列表，其中可以用标题标签定义标题，<p> 标签定义段落。Bootstrap 库在链接列表组的基础上增加了两个样式：

- .list-group-item-heading：用来定义列表项头部。
- .list-group-item-text：用来定义列表项主要内容。

这两个样式最大的作用就是用来帮助开发者自定义列表项里的内容。使用自定义列表组效果如图 3.5 所示。

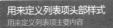

图 3.5　自定义列表组

为了实现图 3.5 的效果，新建 CORE0303.html，代码如 CORE0303 所示。

```
代码 CORE0303　自定义列表组
<!DOCTYPE html>
<html>
    <head>
            <meta charset="UTF-8">
            <title></title>
    <link href="css/bootstrap-3.3.7.css">
    </head>
    <body>
    <div class="list-group">
            <a href="#" class="list-group-item ">
                    <h4 class="list-group-item-heading"> 用来定义列表项头部样式 </h4>
                    <p class="list-group-item-text"> 用来定义列表项主要内容 </p>
            </a>
    </div>
        </body>
    </html>
```

技能点 3　Bootstrap 进度条

进度条是以图片形式显示处理任务的完成度和剩余任务量,帮助用户掌控任务进展。Bootstrap 进度条是使用 CSS3 过渡和动画来实现的(Internet Explorer 9 和 Firefox3.6x 版本不支持该特性,Opera 12 不支持动画)。

1　基本进度条

创建一个基本的进度条的步骤如下:

第一步:添加一个 <div> 容器,并设置其 class="progress"。

```
<div class="progress"></div>
```

第二步:在 <div> 容器内,添加一个 class="progress-bar" 的 <div>。

```
<div class="progress">
    <div class="progress-bar" ></div>
</div>
```

第三步:添加一个 <span> 容器,设置其 class="sr-only",并设置相应的进度百分比。

```
<div class="progress">
    <div class="progress-bar" >
            <span class="sr-only"> 相应百分比 </span>
    </div>
</div>
```

基本进度条的属性如表 3.5 所示。

表 3.5　基本进度条的属性

属　　　性	作　　　用
role	说明 div 的作用是进度条
aria-valuenow="40"	当前进度条的进度为 40%
aria-valuemin="0"	进度条的最小值为 0%
aria-valuemax="100"	进度条的最大值为 100%

Bootstrap 前端库中的进度条和警告信息框一样,根据进度条不同的状态配置了不同的进度条颜色。进度条的颜色如表 3.6 所示。

表 3.6　进度条的颜色

属　　　性	颜　　　色
progress-bar-info	表示信息进度条,浅蓝色
progress-bar-success	表示成功进度条,浅绿色
progress-bar-warning	表示警告进度条,黄色
progress-bar-danger	表示错误进度条,红色

使用基本进度条效果如图 3.6 所示。

图 3.6　基本进度条示例

为了实现图 3.6 的效果,新建 CORE0304.html,代码如 CORE0304 所示。

代码 CORE0304　基本进度条

```html
<div class="progress">
  <div class="progress-bar progress-bar-success" role="progressbar"
    aria-valuenow="60" aria-valuemin="0" aria-valuemax="100"
    style="width: 90%;">
    <span class="sr-only">90% 完成（成功）</span>
  </div>
</div>
<div class="progress">
  <div class="progress-bar progress-bar-info" role="progressbar"
    aria-valuenow="60" aria-valuemin="0" aria-valuemax="100"
    style="width: 30%;">
    <span class="sr-only">30% 完成（信息）</span>
  </div>
</div>
<div class="progress">
  <div class="progress-bar progress-bar-warning" role="progressbar"
    aria-valuenow="60" aria-valuemin="0" aria-valuemax="100"
    style="width: 20%;">
    <span class="sr-only">20% 完成（警告）</span>
  </div>
</div>
```

```
<div class="progress">
  <div class="progress-bar progress-bar-danger" role="progressbar"
    aria-valuenow="60" aria-valuemin="0" aria-valuemax="100"
    style="width: 10%;">
    <span class="sr-only">10% 完成（危险）</span>
  </div>
</div>
```

2 其他类型进度条

进度条的样式有多种多样,除了基本样式,还可以在其基础上延伸其他样式,比如条纹进度条、动画进度条、堆叠进度条等样式。

● 条纹进度条是采用 CSS3 的线性渐变来实现的。只需要在进度条的容器"progress"基础上增加类名"progress-striped",如果要将进度条条纹设置成彩色的,只需在进度条上增加相应的颜色类名。

● 动态条纹进度条主要是通过 CSS3 的 animation 属性来实现的。通过给进度条容器"progress"添加一个类名"active",并让文档加载完成就触发"progress-bar-stripes"动画生效。

● 堆叠进度条是把多个进度条放入同一个 class="progress" 中,使它们呈现出堆叠的效果。但是堆叠进度条宽度之和不能大于 100%。

使用进度条效果如图 3.7 所示。

图 3.7 进度条示例

为了实现图 3.7 的效果,新建 CORE0305.html,代码如 CORE0305 所示。

代码 CORE0305 进度条

```
<!DOCTYPE html>
<html>
  <head>
      <meta charset="UTF-8">
      <title></title>
      <link href="css/bootstrap-3.3.7.css">
  </head>
```

```
            <div class="progress">
                <div class="progress-bar progress-bar-success"role="progressbar" ariaval-
uenow="30" aria-valuemin="0" aria-valuemax="60"style="width:100%;">
                            <span class="sr-only">100%</span>
                    </div>
            </div>
            <div class="progress progress-striped">
                <div class="progress-bar progress-bar-success" role="progressbar"aria-val-
uenow="60" aria-valuemin="0" aria-valuemax="100"style="width: 90%;">
                <span class="sr-only">90%</span>
                </div>
            </div>
            <div class="progress progress-striped active">
                    <div class="progress-bar progress-bar-success" role="progress-
bar"aria-valuenow="60" aria-valuemin="0" aria-valuemax="100"style="width: 40%;">
                            <span class="sr-only">40%</span>
                    </div>
            </div>
            <div class="progress">
        <div class="progress-bar progress-bar-success" role="progressbar"
            aria-valuenow="60" aria-valuemin="0" aria-valuemax="100"
            style="width: 40%;">
            <span class="sr-only">40% </span>
    </div>
    <div class="progress-bar progress-bar-info" role="progressbar"
            aria-valuenow="60" aria-valuemin="0" aria-valuemax="100"
            style="width: 30%;">
            <span class="sr-only">30%</span>
    </div>
    <div class="progress-bar progress-bar-warning" role="progressbar"
            aria-valuenow="60" aria-valuemin="0" aria-valuemax="100"
            style="width: 20%;">
            <span class="sr-only">20% </span>
    </div>
    </div>
    </body>
    </html>
        <body>
```

提示 通过进度条技能点的学习,了解到进度条的各种样式,扫描下方二维码,可以了解到进度条的历史及类型。快来扫我吧!

技能点 4 Bootstrap 媒体对象

Bootstrap 中的多媒体对象(Media Object)用于创建各种类型的组件(比如:博客评论)。与 Bootstrap 中的其他组件一样,媒体对象也是通过一些简单的标记应用类来实现的。在 HTML 标签中有以下两种媒体对象:

● .media:该 class 允许将媒体对象里的多媒体(图像、视频、音频)放到容器里,来设置它浮动到内容区块的左边或者右边。

● .media-list:可以实现媒体对象列表效果。

1 基本媒体对象

媒体对象组件的默认样式允许在一个内容块的左边或右边展示一个与内容块顶部对齐的多媒体内容(图像、视频、音频)。除了顶部对齐样式外,还可以设置媒体对象的其他对齐样式,设置对齐样式主要是设置图片与其他媒体类型的位置。媒体对象一般是成组出现,媒体对象属性如表 3.7 所示。

表 3.7　媒体对象属性

属　　性	用　　途
.media	设置媒体对象的容器,用来容纳媒体对象的所有内容
.media-object	设置媒体对象中的对象,常常是图片
.media-body	设置媒体对象的主体,可以是任何元素,常常是图片侧边内容
.media-heading	设置媒体对象的标题,用来描述对象的一个标题
.media-left	设置媒体对象的对齐方式为向左
.media-right	设置媒体对象的对齐方式为向右
.media-list	设置媒体对象列表

使用基本媒体对象效果如图 3.8 所示。

为了实现图 3.8 的效果,新建 CORE0306.html,代码如 CORE0306 所示。

图 3.8　基本媒体对象

代码 CORE0306 基本媒体对象

```html
<!DOCTYPE html>
<html>
    <head>
            <meta charset="UTF-8">
            <title></title>
            <link  href="css/bootstrap-3.3.7.css">
    </head>
    <body>
        <div class="media">
                <a class="pull-left" href="#">
                    <img class="media-object" src="img/12.jpg" alt=" 媒体对象 ">
                </a>
                <div class="media-body">
                    <h4 class="media-heading"> 媒体标题 </h4>
                    <!-- 文字省略 -->
                </div>
        </div>
    </body>
</html>
```

2　媒体对象列表

　　媒体对象列表在样式上没有设置特殊样式,只是在媒体对象列表结构中去掉了列表的左间距以及项目列表符号,每个列表项目都是一个独立的媒体对象组件。通过为 <ul> 标签添加 class="media-list" 设置媒体对象列表。媒体对象列表在评论或文章列表页面中应用比较广泛,也比较实用。使用媒体对象列表效果如图 3.9 所示。

媒体标题
Bootstrap 中的多媒体对象（Media Object）的对象样式用于创建各种类型的组件（比如：博客评论），在组件中使用图文混排，图像可以左对齐或者右对齐。媒体对象可以用更少的代码来实现媒体对象与文字的混排。

媒体标题
Bootstrap 中的多媒体对象（Media Object）的对象样式用于创建各种类型的组件（比如：博客评论），在组件中使用图文混排，图像可以左对齐或者右对齐。媒体对象可以用更少的代码来实现媒体对象与文字的混排。

媒体标题
Bootstrap 中的多媒体对象（Media Object）的对象样式用于创建各种类型的组件（比如：博客评论），在组件中使用图文混排，图像可以左对齐或者右对齐。媒体对象可以用更少的代码来实现媒体对象与文字的混排。

图 3.9　媒体对象列表

为了实现图 3.9 的效果，新建 CORE0307.html，代码如 CORE0307 所示。

代码 CORE0307　媒体对象列表

```
<!DOCTYPE html>
<html>
    <head>
        <meta charset="UTF-8">
        <title></title>
        <link  href="css/bootstrap-3.3.7.css">
    </head>
    <body>
        <ul class="media-list">
        <li class="media">
            <div class="media-left">
             <a href="#">
            <img class="media-object" src="Bootstrap.jpg" alt=" 媒体对象 ">
            </a>
            </div>
            <div class="media-body">
                <h4 class="media-heading"> 媒体标题 </h4>
```

　　　　Bootstrap 中的多媒体对象（Media Object）的对象样式用于创建各种类型的组件（比如：博客评论），在组件中使用图文混排，图像可以左对齐或者右对齐。媒体对象可以用更少的代码来实现媒体对象与文字的混排。

```html
            </div>
            </li>
            <li class="media">
            <div class="media-left">
             <a href="#">
              <img  class="media-object"  src="Bootstrap.jpg"  alt=" 媒体对
象 ">

                </a>
            </div>
            <div class="media-body">
                 <h4 class="media-heading"> 媒体标题 </h4>
```

　　　Bootstrap 中的多媒体对象（Media Object）的对象样式用于创建各种类型的组件（比如：博客评论），在组件中使用图文混排，图像可以左对齐或者右对齐。媒体对象可以用更少的代码来实现媒体对象与文字的混排。

```html
            </div>
            </li>
            <li class="media">
            <div class="media-left">
            <a href="#">
            <img class="media-object" src="Bootstrap.jpg" alt=" 媒体对象 ">
            </a>
            </div>
            <div class="media-body">
             <h4 class="media-heading"> 媒体标题 </h4>
```

　　　Bootstrap 中的多媒体对象（Media Object）的对象样式用于创建各种类型的组件（比如：博客评论），在组件中使用图文混排，图像可以左对齐或者右对齐。媒体对象可以用更少的代码来实现媒体对象与文字的混排。

```html
            </div>
            </li>
            </ul>
        </body>
    </html>
```

通过下面八个步骤的操作,实现图 3.2 所示的基于"健身 Show"运动计划界面的效果。

第一步:打开 Sublime Text 2 软件,如图 3.10 所示。

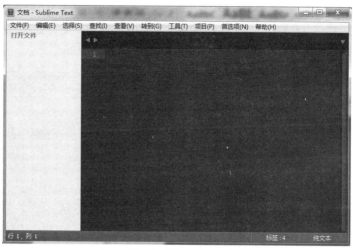

图 3.10　Sublime Text 2 界面

第二步:点击创建并保存为 CORE0308.html 文件,并通过外联方式导入 CSS 文件和 JS 文件。如图 3.11 所示。

图 3.11　导入 CSS 和 JS

第三步：页面刷新的制作。

设置 class="pre-loader" 进行页面刷新的制作。代码 CORE0309 如下。

代码 CORE0309　页面刷新

```
<div class="pre-loader">
<div class="loader-inner square-spin"></div>
</div>
```

设置页面刷新样式，设置刷新时背景颜色。刷新 logo 显示在界面中间并设置其动态效果。部分代码 CORE0310 如下。设置样式后效果如图 3.12 所示。

代码 CORE0310　页面刷新 CSS 代码

```
.pre-loader {
    position: fixed;
    width: 100%;
    height: 100%;
    background: #2bc16e;
    z-index: 10000
}
/* 设置页码刷新 logo 样式 */
.pre-loader .loader-inner {
    text-align: center;
    width: 5em;
    height: 5em;
    position: absolute;
    top: 50%;
    left: 50%;
    -webkit-transform: translate(-50%, -50%);
    transform: translate(-50%, -50%)
}
.pre-loader .loader-inner> div {
    display: inline-block
}
```

图 3.12 页面刷新

第四步:轮播图制作。

轮播图主要由图片、图片的计数器和图片的控制器三个部分组成,制作轮播图首先设置轮播图的容器。代码 CORE0311 如下。

代码 CORE0311 轮播图制作

```html
<section class="hero-section main-slider" id="hero-section">
    <div id="redone-carousel" class="carousel slide carousel-fade animated-slider" da-ta-interval="8000">
    </div>
</section>
```

在容器内部使用 <ol> 有序列表添加轮播图计数器,目的是显示当前图片播放顺序,代码 CORE0312 如下。

代码 CORE0312 轮播图制作

```html
<section class="hero-section main-slider" id="hero-section">
    <div id="redone-carousel" class="carousel slide carousel-fade animated-slider" da-ta-interval="8000">
    <ol class="carousel-indicators">
        <li data-target="#redone-carousel" data-slide-to="0" class="active"></li>
        <li data-target="#redone-carousel" data-slide-to="1"></li>
    </ol>
    </div>
</section>
```

轮播图需要播放区放置轮播图片,可以使用 class="carousel-content" 控制,或者放置在 carousel 容器内,这里采用 class="carousel-content",通过 class="item" 放置图片,代码 CORE0313 如下。

代码 CORE0313 轮播图制作

```html
<section class="hero-section main-slider" id="hero-section">
```

```html
<div id="redone-carousel" class="carousel slide carousel-fade animated-slider" data-interval="8000">
    <ol class="carousel-indicators">
        <li data-target="#redone-carousel" data-slide-to="0" class="active"></li>
        <li data-target="#redone-carousel" data-slide-to="1"></li>
    </ol>
    <div class="carousel-inner">
        <div class="active item">
        <img class="carousel-image" src="slider/1.jpg" alt="slider image one">
            <div class="carousel-content">
                <h1>
                    <small data-animation="animated bounceInLeft">
                        健康就是财富
                    </small>
                    <strong data-animation="animated bounceInRight">
                        一起追逐健康生活
                    </strong>
                </h1>
                <p class="lead" data-animation="animated bounceInDown">
                    <!-- 部分内容省略 -->
                </p>
            <button class="btn btn-main" data-animation="animated bounceInUp">
                    了解更多
            </button>
            </div>
            </div>
            <div class="item">
            <img class="carousel-image" src="slider/2.jpg" alt="slider image one">
                <div class="carousel-content">
                <h1>
                    <small data-animation="animated fadeInDownBig">
                        享受运动
                    </small>
                    <strong data-animation="animated fadeInLeftBig">
                        健康就是一切
                    </strong>
                </h1>
```

```
                    <p class="lead" data-animation="animated fadeInRightBig">
                         <!-- 部分内容省略 -->
                    </p>
                    <button class="btn btn-main" data-animation="animated fadeInUp-
Big">
                       现在购买
                    </button>
                </div>
              </div>
            </div>
          </div>
        </section>
```

轮播图具有向前和向后播放的控制器,通过 class="carousel-control left/right" 实现。left 代表向前播放,right 代表向后播放,部分代码 CORE0314 如下。设置样式前效果如图 3.13 所示。

代码 CORE0314 轮播图制作

```
<a class="carousel-control left" href="#redone-carousel" data-slide="prev">
    <span class="fa fa-angle-left" aria-hidden="true"></span>
    <span class="sr-only">Previous</span>
</a>
        <a class="carousel-control right" href="#redone-carousel" data-slide="next">
            <span class="fa fa-angle-right" aria-hidden="true"></span>
            <span class="sr-only">Previous</span>
        </a>
```

图 3.13 轮播图设置样式前

设置轮播图样式,设置轮播图上的字体与样式,为字体添加动态效果。部分代码 CORE03015 如下,设置样式后效果如图 3.14 所示。

代码 CORE0315 轮播图 CSS 代码

```css
.hero-section {
    position: absolute;
    top: 0;
    left: 0;
    height: 660px;
    width: 100%
}
.main-slider .carousel-content {
    text-align: center;
    width: 70%;
    margin: auto;
    position: absolute;
    top: 50%;
    left: 50%;
    -webkit-transform: translate(-50%, -50%);
    transform: translate(-50%, -50%);
}
/* 设置字体样式 */
.main-slider .carousel-content h1 small {
    color: #fff;
    display: inline-block;
    font-family: 'Source Sans Pro', serif;
    font-weight: 900;
    font-size: 30px;
    letter-spacing: 3px;
}
.main-slider .carousel-content h1 small {
    color: #fff;
    display: inline-block;
    font-family: 'Source Sans Pro', serif;
    font-weight: 900;
    font-size: 30px;
    letter-spacing: 3px;
}
.main-slider .animated-slider h1 strong {
    -webkit-animation-delay: 1s;
    animation-delay: 1s;
```

```
  }
  .main-slider .carousel-content {
    text-align: center;
    width: 70%;
    margin: auto;
    position: absolute;
    top: 50%;
    left: 50%;
    -webkit-transform: translate(-50%, -50%);
    transform: translate(-50%, -50%);
  }
  /* 设置按钮样式 */
  .main-slider .animated-slider .btn {
    -webkit-animation-delay: 3s;
    animation-delay: 3s;
  }
  .btn-main {
    padding: 15px 36px;
    border-radius: 0;
    background: #2bc16e;
    border: none;
    color: #fff;
  }
```

图 3.14　轮播图设置样式后

设置轮播图 JS 部分代码 CORE0316 如下所示。

代码 CORE0316　轮播图 JS 代码

```
$firstAnimatingElems = $redoneCarousel.find(".item:first").find("[data-animation
^= 'animated']");
```

```
$redoneCarousel.carousel(),
        doAnimations($firstAnimatingElems),
        $redoneCarousel.on("slide.bs.carousel", function(a) {
            var  e  =  $(a.relatedTarget).find("[data-animation  ^=  'ani-
mated']");

            doAnimations(e)
    })
```

第五步：作品集标题。

健身计划介绍由标题和内容组成，标题使用 <h2> 标签设置。代码 CORE0317 如下。设置样式前效果如图 3.15 所示。

代码 CORE0317 作品集介绍

```
<div id="fh5co-blog" class="fh5co-bg-section">
    <div class="container">
        <div class="row animate-box">
            <div  class="col-md-8  col-md-offset-2  text-center  fh5co-head-
ing">
                <h2> 健身计划 </h2>
            </div>
        </div>
    </div>
</div>
```

图 3.15　健身计划标题设置样式前

设置健身计划标题样式，使健身计划标题居中显示并设置其字体样式。部分代码 CORE0318 如下。设置样式后效果如图 3.16 所示。

代码 CORE0318　健身计划标题 CSS 代码

```css
.fh5co-heading h2 {
    font-size: 30px;
    margin-bottom: 40px;
    line-height: 1.5;
    color: #000;
    text-transform: uppercase;
    position: relative;
}
.text-center {
    text-align: center;
}
.fh5co-heading {
    margin-bottom: 5em;
}
```

图 3.16　健身计划标题设置样式后

第六步：健身计划介绍内容。

健身计划介绍内容采用 <p> 标签设置，代码 CORE0319 如下。设置样式前效果如图 3.17 所示。

代码 CORE0319　健身计划介绍内容

```html
<div id="fh5co-blog" class="fh5co-bg-section">
    <div class="container">
        <div class="row animate-box">
            <div class="col-md-8 col-md-offset-2 text-center fh5co-heading">
```

```
                    <h2> 健身计划 </h2>
                        <!-- 内容省略 -->
                    <p>
                    </p>
                </div>
            </div>
        </div>
    </div>
```

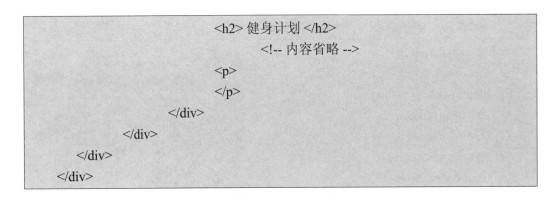

图 3.17　健身计划介绍内容设置样式前

　　设置健身计划介绍内容样式，为了使界面美观，设置字体样式。部分代码 CORE0320 如下。设置样式后效果如图 3.18 所示。

代码 CORE0320　健身计划介绍内容 CSS 代码

```
.fh5co-heading p {
    font-size: 18px;
    line-height: 1.5;
color: #828282;
margin-bottom: 15px;
}
```

图 3.18　健身计划介绍内容设置样式后

第七步：健身计划的制作。

健身计划由图片、图片介绍组成，通过栅格系统和列表进行页面布局。采用 class="animate-box" 设置动画效果。代码 CORE0321 如下。设置样式前效果如图 3.19 所示。

```
代码 CORE0321　健身计划
<div class="row row-bottom-padded-md">
    <div class="col-lg-4 col-md-4">
        <div class="fh5co-blog animate-box">
            <a href="#"><img class="img-responsive"
                src="images/gallery-4.jpg" alt="">
            </a>
        </div>
    </div>
    <div class="col-lg-4 col-md-4">
        <div class="fh5co-blog animate-box">
            <a href="#"><img class="img-responsive"
                src="images/gallery-2.jpg" alt="">
            </a>
        </div>
    </div>
    <div class="col-lg-4 col-md-4">
        <div class="fh5co-blog animate-box">
            <a href="#">
                <img class="img-responsive"
```

```
                                        src="images/318765-1409210H95759.jpg"
alt="">
                                </a>
                        </div>
                </div>
        </div>
        <!-- 省略部分代码 -->
```

图 3.19　健身计划设置样式前

设置健身计划样式。部分代码 CORE0322 如下。设置样式后效果如图 3.20 所示。

代码 CORE0322　健身计划 CSS 代码

```
.fh5co-blog a img {
    width: 100%;
}
 .img-responsive{
    max-width: 100%
}
```

图 3.20   健身计划设置样式后

设置健身计划 JS 代码 CORE0323 如下所示。

代码 CORE0323 健身计划 JS 代码

```
<script>
    new WOW().init();
</script>
```

第八步：健身计划内容。

健身计划内容由标题和文字介绍组成，通过栅格系统与无序列表进行页面布局，使用 <i> 标签插入字体图标。添加图片代码 CORE0324 如下。设置样式前效果如图 3.21 所示。

代码 CORE0324 健身计划内容

```
<div class="row row-bottom-padded-md">
    <div class="col-lg-4 col-md-4">
        <div class="fh5co-blog animate-box">
            <a href="#">
            <img class="img-responsive" src="images/gallery-4.jpg" alt=""></a>
            <div class="blog-text">
                <h3><a href=""#"> 跳绳 </a></h3>
```

```
                              <span class="posted_on"> 星期一 </span>
                              <span class="comment"><a href="">21<i class="icon-
speech-bubble"></i></a></span>
                              <ul>
                                      <li> 先 3 分钟的跳绳来热身，一般速度，先让身
体热起来。</li>
                                      <li> 休息 20 秒。</li>
                                      <li> 在 1 分钟内，以最快的速度来跳绳。使心
跳提升到最大心率的 85%~90%。</li>
                                      <li> 休息 20 秒。</li>
                                      <li> 在一分钟内，以最快的速度来跳绳。</li>
                              </ul>
                              <a href="#" class="btn btn-primary"> 了解更多 </a>
                      </div>
              </div>
      </div>
      <!-- 省略部分代码 -->
  </div>
  <div class="row row-bottom-padded-md">
      <div class="col-lg-4 col-md-4">
              <div class="fh5co-blog animate-box">
                      <a href="#"><img class="img-responsive" src="images/p6.jpg"
alt=""></a>
                      <div class="blog-text">
                              <h3><a href=""#> 拉伸运动 </a></h3>
                              <span class="posted_on"> 星期四 </span>
                              <span class="comment"><a href="">21<i class="icon-
speech-bubble"></i></a></span>
                              <ul>
                                      <li> 先 3 分钟的原地跑来热身，一般速度，先让
身体热起来。</li>
                                      <li> 休息 20 秒。</li>
                                      <li> 坐在地上，双腿并紧伸直，勾脚，双手慢慢
的拉住你的脚掌。</li>
                                      <li> 休息 20 秒。</li>
                                      <li>3 秒钟后放下，再来。重复 10 下。</li>
                              </ul>
                              <a href="#" class="btn btn-primary"> 了解更多 </a>
```

```
                    </div>
        </div>
    </div>
    <!-- 省略部分代码 -->
</div>
```

图 3.21 健身计划内容设置样式前

设置健身计划内容样式,设置字体样式并为其设置背景颜色,将健身内容与图片层叠显示。部分代码 CORE0325 如下。设置样式后效果如图 3.22 所示。

代码 CORE0325 健身计划内容 CSS 代码

```css
/* 设置图片描述背景样式 */
.fh5co-blog .blog-text {
    margin-bottom: 30px;
    position: relative;
    background: #fff;
    width: 90%;
    padding: 30px;
    float: right;
    margin-top: -5em;
    -webkit-box-shadow: 0px 10px 20px -12px rgba(0, 0, 0, 0.18);
    -moz-box-shadow: 0px 10px 20px -12px rgba(0, 0, 0, 0.18);
    box-shadow: 0px 10px 20px -12px rgba(0, 0, 0, 0.18);
}
/* 设置标题样式 */
.fh5co-blog .blog-text h3 a {
    color: black;
}
/* 设置星期样式 */
.fh5co-blog .blog-text span.posted_on {
    color: white;
    font-size: 18px;
    padding: 2px 10px;
    padding-left: 40px;
    margin-left: -40px;
    background: #F85A16;
    position: relative;
}
.fh5co-blog .blog-text span {
    display: inline-block;
    margin-bottom: 20px;
}
```

图 3.22　健身计划内容设置样式后

至此,"健身 Show"运动计划界面制作完成。

本项目通过学习"健身 Show"运动计划界面,对 Bootstrap 的按钮式下拉菜单、列表组、进度条、媒体对象等相关知识具有初步的了解,掌握进度条相关的配置,并能够通过所学的栅格系统的基本用法结合 Bootstrap 中进度条和媒体对象,做出"健身 Show"运动计划界面。

badge	徽章	active	激活
style	风格	media object	媒体对象
animation	动画	firefox	火狐
linear-gradient	线性渐变	body	主体

一、选择题

1. 在 Bootstrap 框架中的基础列表组主要包括（　　　）和 list-group-item。

A.list-group 　　　　 B.list 　　　　 C.item 　　　　 D.li

2. 徽章列表组只需在 .list-group-item 的基础上追加徽章组件（　　　）。

A.info 　　　　 B.success 　　　　 C.active 　　　　 D.badge

3. Bootstrap 前端库中的条纹进度条采用 CSS3 的线性渐变来实现,只需要在进度条的容器"progress"基础上增加类名（　　　）。

A.progress-bar-dange 　　　　　　 B.progress-bar

C.progress-bar-info 　　　　　　 D.progress-striped

4. .list-group-item-warning 情境寓意是（　　　）。

A. 警告 　　　　 B. 通知 　　　　 C. 成功 　　　　 D. 错误

5. 以下哪个属性可以设置进度条进度（　　　）。

A.progress-bar-danger 　　　　　　 B.aria-valuenow

C.role 　　　　　　 D.progress-bar-info

二、填空题

1. 按钮式下拉菜单主要包括: ＿＿＿＿＿＿＿＿、＿＿＿＿＿＿＿＿、＿＿＿＿＿＿＿ 和不同尺寸按钮式下拉菜单四种不同的样式。

2. 实现单按钮下拉菜单时主要将按钮和下拉菜单放置在 ＿＿＿＿＿＿＿＿ 属性中。

3. 创建一个基本的进度条首先添加一个带有 class＿＿＿＿＿＿＿ 的 <div>。然后在 <div> 内,添加一个带有 class＿＿＿＿＿＿＿ 的空 <div>。最后添加一个带有百分比表示宽度的 style 属性。

4. 进度条一般是使用两个容器,外容器使用 ＿＿＿＿＿＿＿＿ 样式,主要设置进度条容器的背景色、高度、间距等。子容器使用 ＿＿＿＿＿＿＿ 样式。

5. Bootstrap 为媒体对象提供了列表结构,通过使用 ＿＿＿＿＿＿＿＿ 样式类,可以实现媒体对象列表效果。

三、上机题

使用 Bootstrap 编写符合以下要求的网页。要求：

1. 主要包括课程图片、标题、简介、实习时间、进度、开始实习按钮等。

2. 用 Bootstrap 按钮、表单等知识点实现下图效果。

项目四 基于"健身Show"运动教练界面的实现

通过实现"健身 Show"运动教练界面，了解 Sass 的基本使用及相关的扩展库，学习 Bootstrap 中 Sass 的安装及扩展库的使用，掌握 Less 动态语法及其结构，具有使用 Less 优化 CSS 代码的能力。在任务实现过程中：

● 了解 Sass 的扩展库。
● 掌握 Sass 扩展库的使用。
● 掌握 Less 的动态语法。
● 具有使用 Less 优化 CSS 代码的能力。

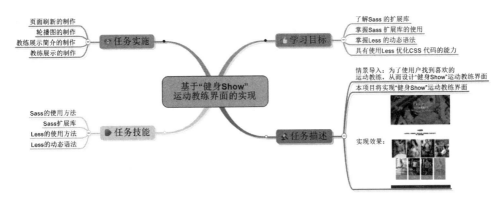

【情境导入】

在健身的过程中，健身教练是非常重要的角色，健身教练不仅给予我们专业的指导意见更起到了督促的作用。于是我们在网站中设计了运动教练模块。在该模块中用户可以通过查找运动教练的资料选择自己喜欢的运动教练。此界面更能体现健身项目的团队力量。在此项目中,开发人员主要为大家介绍用 Less 对 CSS 进行优化。本项目主要通过实现"健身 Show"运动教练界面来学习如何使用 Less 对 CSS 进行优化。

【功能描述】

本项目将实现"健身 Show"运动教练界面。

- 使用栅格系统实现界面的布局。
- 使用 Less 进行对 CSS 代码的优化。
- 使用轮播图显示头部背景图片轮播。
- 使用导航条组件实现导航条的美化。

【基本框架】

基本框架如图 4.1 所示。通过本项目的学习,能将框架图 4.1 转换成"健身 Show"运动教练界面,效果如图 4.2。

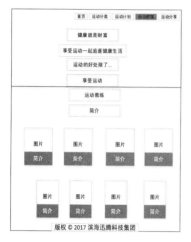

图 4.1　框架图

图 4.2　效果图

技能点 1　Sass 的使用方法

1　Sass 概述

层叠样式表 CSS 主要用来设置字体的样式、图片的格式、整个网站的布局。在开发过程中，需要引用变量、循环等知识，而 CSS 不能满足这些要求，为了弥补 CSS 不足，开发者们在 CSS 中加入编程元素，即 CSS 预处理器。其主要作用是对编程语言中需要的变量、循环等进行处理，最终编译成 CSS 文件。

　　Sass 是一种基于 Ruby 编写的 CSS 预处理器，诞生于 2007 年，是最早被人们使用的一种预处理语言，它具有使用变量、嵌套、混合器、继承、运算、函数等功能，以代码简洁、易维护等优势被大家认可，节省设计者和开发者的实现周期，提高了效率。Sass 本着向下兼容更多的 CSS 代码，更符合 CSS 的样式为目的开始研究，最终出现 Sass 第三代版本，即 SCSS。

　　Sass 文件有两种后缀名：".sass" 和 ".scss"。".sass" 是 Sass 语言文件的扩展名后缀，".scss" 是 SCSS 语言文件的扩展名后缀。两者功能特性一样，但书写规则不同。".sass" 文件对代码的排版有非常严格的要求。

2　Sass 的优势

　　相对 CSS 来说，Sass 功能更强大，提供多种便利的写法、节省了设计者的时间，再加上有基于 Sass 的著名类库 Compass，为开发者提供一些丰富的模块。

　　Sass 的优势如下：
- 简少 CSS 代码的重复性；
- 便于维护；
- 在 CSS 语言基础上添加了扩展功能，比如变量、嵌套（nesting）、混合器（mixin）；
- 良好的格式，可对输出格式进行定制；
- 支持 Firebug；
- 可以使用嵌套语法和调用函数。

3　Sass 的安装

　　Sass 是采用 Ruby 语言编写的，Ruby 是一种开源的面向对象程序设计的服务器端脚本语言。Sass 依赖于 Ruby，当安装 Sass 时必须先安装 Ruby。下面为 Sass 的安装步骤。

　　第一步：安装 Ruby。

　　（1）在 Ruby 的官网上（http://rubyinstaller.org/downloads/）下载匹配机型的版本，本书选择 Ruby2.2.3（×64）的安装包，如图 4.3 所示。

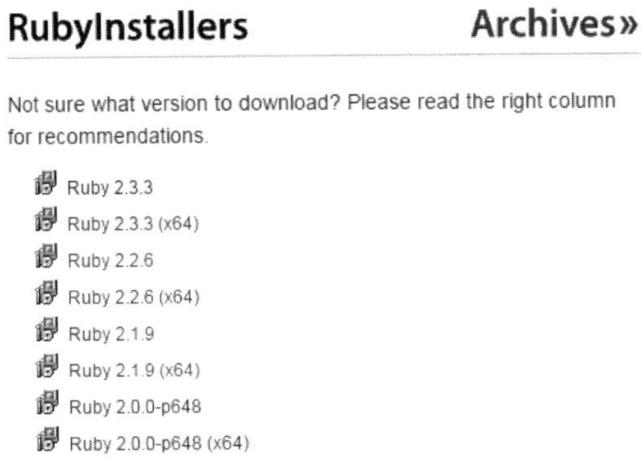

图 4.3　下载 Ruby

（2）双击 rubyinstaller-2.3.3-x64.exe 文件，选择"I accept the License"，如图 4.4 所示。

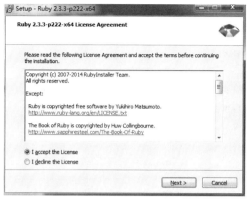

图 4.4　安装 Ruby

（3）点击 Next，选择安装路径，系统默认 C 盘，勾选"Add Ruby executables to your PATH"，如图 4.5 所示。

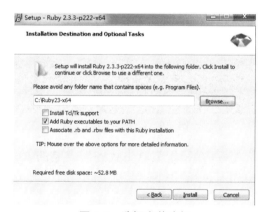

图 4.5　选择安装路径

（4）点击 Install，完成安装，如图 4.6 所示。

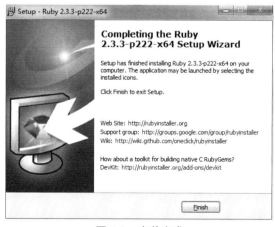

图 4.6　安装完成

（5）配置环境变量。右键"我的电脑"→"属性"→"高级系统设置"→"环境变量"，新建系统变量，变量名"RUBY_HOME"，变量值为本机 Ruby 安装目录，然后在 PATH 加入"%BURY_HOME%\bin"。如图 4.7 所示。

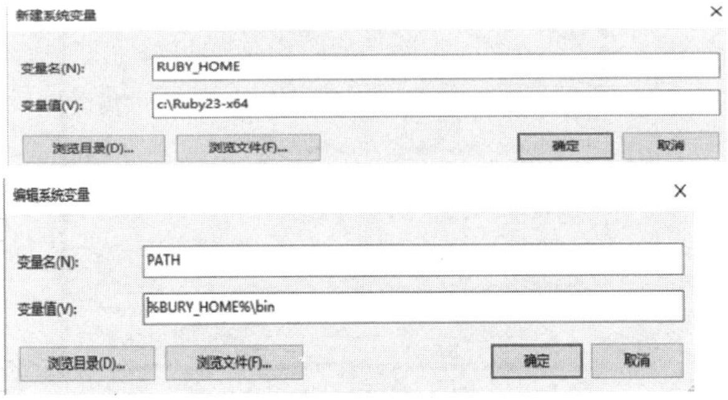

图 4.7　配置环境变量

（6）在命令提示框中输入"ruby –v"验证是否安装成功，如出现版本号表示安装成功，如图 4.8 所示。

图 4.8　验证安装成功

第二步：Ruby 安装完成后，在开始菜单中找到新安装的 Ruby 2.3.3-p222-x64 文件，点击 Start Command Prompt with Ruby 启动 Ruby 的 Command 控制面板，如图 4.9 所示。

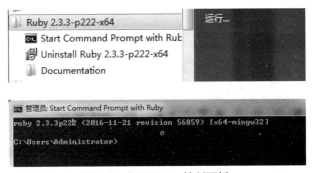

图 4.9　打开 Ruby 控制面板

第三步：输入命令"gem install sass"进行安装，出现 Sass 版本号，表示 Sass 安装成功，如图 4.10 所示。

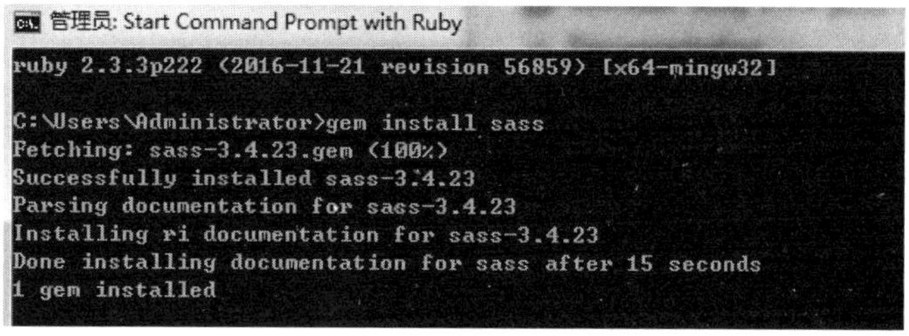

图 4.10 安装 Sass

4 Sass 语法

Sass 到目前为止有两种语法规则。第一种语法称为 SCSS,增强了对 CSS3 语法的支持。第二种语法称为 Sass 的缩进语法,该语法使 CSS 更加简洁。Sass 语法规则和 CSS 的语法规则几乎相同,只不过 Sass 可以省略大括号和分号,严格要求缩进和格式化代码。Sass 语法规则如下。

(1)变量

在 Sass 中可以声明变量,并在整个样式中引用变量。Sass 声明变量必须是"$"开头,后面紧跟变量名和变量值,变量名和变量值中间使用分号分隔开,就像 CSS 属性设置一样,代码如下所示。

Sass style	编译生成的 CSS

$bgcolor: red;
body {
    background-color: $bgcolor;
}
	body {
	    background-color:red;
	}

(2)混合器(mixin)

在 Sass 中,可以为公用的 CSS 样式定义一个混合器,在需要使用这些样式的地方直接调用定义好的混合器。实现用 Sass 中的混合器编写,首先需要定义一个混合器,代码如下所示。

```
@mixin center-block {
margin-left:auto;
margin-right:auto;
}
```

当定义混合器后,需要对定义的内容进行调用,通过 @include 来实现,代码如下所示。

```
.demo{
@include center-block;
}
```

编译后的 CSS 代码如下所示。

```
.demo {
  margin-left: auto;
  margin-right: auto;
}
```

（3）选择器继承

Sass 选择器继承可以解决 CSS 中多个元素应用相同的样式时代码重复的问题，其作用是通过 @extend 实现从一个选择器继承另一个选择器的所有样式。使用选择器继承代码如下所示。

Sass style	编译生成的 CSS

.a{
  border: 4px solid #ff9aa9;
}
.b{
  @extend .a;
  border-width: 2px;
}
	.a, .b {
	  border: 4px solid #ff9aa9;
	}
	
	.b {
	  border-width: 2px;
	}

（4）嵌套

嵌套方式降低了选择器名称和属性的重复书写，提高了开发效率。Sass 支持两种嵌套方式：选择器继承嵌套和属性嵌套。

选择器继承嵌套是指通过从一个选择器中嵌套子选择器，编译后把父选择器通过一个空格连接到子选择器的前边，来实现选择器的继承关系，使用选择器继承嵌套代码如下所示。

Sass style	编译生成的 CSS

.header{
  .boder{
    display: block;
    border: none;
  }
  p {
  color: blue;
  }
}
	.header .boder {
	  display: block;
	  border: none;
	}
	.header p {
	  color: blue;
	}

当直接使用嵌套外层的父选择器时，需使用"&"符号代表。编译后"&"符号将被替换成

父选择器,代码如下所示。

Sass style	编译生成的 CSS

.header{
　　.boder{
　　　　　display: block;
　　　　　border: none;
　　}
　　p {
　　color: blue;
　　&:hover { color: red;}
　　}
}
	.header .boder {
	　　display: block;
	　　border: none;
	}
	.header p {
	　　color: blue;
	}
	.header p:hover {
	　　color: red;
	}

属性嵌套指将带有相同前缀单词的属性提出来,作为一个公有的属性,嵌套进其他属性。使用属性嵌套代码如下所示。

Sass style	编译生成的 CSS

p{
　　font:{
　　size:26px;
　　weight:normal;
　　family:arial;
　　}
}
	p {
	　　font-size: 26px;
	　　font-weight: normal;
	　　font-family: arial;
	}

（5）函数

在 Sass 中除了可以定义变量外,还自备了一系列的函数功能。例如字符串、数字、颜色、列表、三元函数等,还可以根据需求自定义函数。其中使用最多的是颜色函数,将颜色以不同比例混合,可以产生很多不一样的颜色,主要分为 RGB、HSL 和 Opacity 三大类函数,使用颜色函数分类如表 4.1 所示。

表 4.1　颜色函数分类

函　　数	说　　明
RGB()	R（red 红色）、G（green 绿色）、B（blue 蓝色）,rgb（$red, $green, $blue）
HSL()	H（hue 色调）、S（saturation 饱和度）、B（lightness 亮度）,hsl（$hue, $saturation, $lightness）,H 取值范围是 0~360 的圆心角,S 和 B 都是 0~100% 的取值范围
Opacity()	设置颜色的透明度,例如 rgba($color, $alpha)

使用颜色函数代码如下。

Sass style	编译生成的 CSS

p {
　color: hsl(180, 50%, 50%);
}
	p {
	　color: #40bfbf;
	}

（6）导入

CSS 导入（@import）就是在一个 CSS 文件中导入其他 CSS 文件。然而执行到 @import 时，浏览器才会去下载其他 CSS 文件，这导致页面加载慢。Sass 的导入（@import）规则和 CSS 的有所不同，Sass 的 @import 规则在生成文件时就把相关文件导入进来，生成一个 CSS 文件，提高页面加载速度。使用 Sass 的 @import 规则并不需要指明被导入文件的全名。可以省略 .sass 或 .scss 文件后缀。代码如下所示。

```
.test {
 font-size: 14px;
  color: #333;
 }
```

导入 test. scss，代码如下所示。

```
@import "test";
body {
 background-color: #f5f5f5;
 }
```

编译后的 CSS 文件内容，代码如下所示。

```
.test {
 font-size: 14px;
  color: #333;
 }
body {
 background-color: #f5f5f5;
 }
```

（7）运算

Sass 具有运算的特性，可以对所有数据类型进行加、减、乘、除四则运算，例如数字、颜色、变量等。使用运算语法代码如下。

Sass style	编译生成的 CSS
p {	p {

Sass style	编译生成的 CSS

font: 20px/8px;
 // 使用了变量,是除法运算
 $width: 50px;
 width: $width/5;
 // 使用了函数,是除法运算
 width: round(1.5)/2;
 height: (500px/2);
 margin-left: 5px + 8px/2px;
 }
	font: 20px/8px;
	 width: 10px;
	 width: 1;
	 height: 250px;
	 margin-left: 9px;
	 }

如果在 CSS 中使用变量和 /,需要用 #{} 包住变量。代码如下所示。

Sass style	编译生成的 CSS

p {
 $font-size: 9px;
 $line-height: 3px;
 font: #{$font-size}/#{$line-height};
 }
	p {
	 font: 9px/3px;
	 }

技能点 2 Sass 扩展库

Compass 是 Sass 团队成员开发的扩展库,其功能是对 Sass 模块的封装,目的是为开发者提供一些丰富的 mixin 组件以及一些实用的工具模块。Compass 由以下几个模块组成。

- Reset:用于清除浏览器自带样式,减少不同浏览器间的差异性。
- CSS3:CSS3 命令模块,将 CSS3 带有属性前缀的兼容代码组合成 mixin。
- Layout:布局模块,提供栅格系统和一些简单的布局样式。
- Helpers:提供一些常用的函数。
- Utilities:工具类,对一些常用的 CSS 样式进行简化。

使用模块之前要导入 @import "compass " 默认导入所有的模块,但是 Reset 和 Layout 这两个模块需要手动导入:

- @import "compass/reset";
- @import "compass/layout";

1 Reset 模块

Reset 模块用于清除浏览器自带样式,它会把所有的浏览器默认样式归零,这样可以保持网站在不同的浏览器下表现一致。

要使用 Reset 模块首先要在 Sass 文件头部引入：@import "compass/reset"，代码如 CORE0401 所示。

代码 CORE0401 Reset 重置
@import "compass/reset"; // 重置表格的边框 @include reset-table;

2　CSS3 模块

Compass 的 CSS3 模块是将开发中经常用到的 CSS3 属性用 mixin 进行了封装，提高 CSS3 跨浏览器的能力。我们介绍其中的三种：圆角、透明和行内区块。

（1）圆角

导入 CSS3 模块，编译后就可以使其兼容更多浏览器。使用方式是 @include 加自定义样式，例如设置边框的弧度 @include border-radius(5px)。圆角的写法代码如下所示。

Sass style	编译生成的 CSS

@import "compass";
.boder {
　@include border-radius(5px);
}
	.boder {
	　-moz-border-radius: 5px;
	　-webkit-border-radius: 5px;
	　border-radius: 5px;
	}

（2）透明

Include 导入透明样式编译后会自动生成针对不同浏览器的样式，定义透明样式的写法代码如下所示。

Sass style	编译生成的 CSS

@import "compass";
#opacity {
@include opacity(0.6);
}
	#opacity {
	// CSS3 的滤镜，达到更高的兼容性
	filter:progid:DXImageTransform.Microsoft.Alpha(Opacity=0.5);
	　opacity: 0.5;
	}

（3）行内区块

Include 导入行内区块元素（inline-block）既具有 block 元素可以设置宽高的特性，同时又具有 inline 元素默认不换行的特性。Include 导入行内区块样式代码如下所示。

Sass style	编译生成的 CSS

@import "compass";
#inline-block {
　　　　@include inline-block;
}
	#inline-block {
	　display: inline-block;
	　vertical-align: middle;
	　*vertical-align: auto;
	　*zoom: 1;
	　*display: inline;
	　}

3　Layout 模块

Layout 模块提供布局功能,提供栅格系统和一些简单的布局样式。它内部又分为三个模块,它们分别是:

● stretching 模块,用来拉伸元素,也可以单独拉伸水平方向或垂直方向,分别对应 stretch-x 和 stretch-y。

● sticky-footer 模块,让页面中的页脚部分始终处在最底部。

● graid-background 模块,提供自适应背景。

(1)stretching 模块。

stretching 模块指定子元素占满父元素的空间,代码如下所示。

Sass style	编译生成的 CSS

@import "compass/layout";
#stretch-full {
　　　　@include　stretch;
}
	#stretch-full {
	　position: absolute;
	　top: 0;
	　bottom: 0;
	　left: 0;
	　right: 0;
	　}

(2)sticky-footer 模块

stretching 模块指定页面的 footer 部分总是出现在浏览器最底端,可以传入一个参数用于指定 footer 的高,该模块需要特定的 HTML 文档结构,代码如下所示。

```
<!DOCTYPE html>
<html>
    <head>
            <meta charset="utf-8" />
            <title> 标题 </title>
            <link  href="css/bootstrap-3.3.7.css">
```

```
        </head>
        <body>
                <h1> 标题 1<small> 子标题 </small></h1>
        </body>
    </html>
```

使用 sticky-footer 模块编译样式代码如下所示。

Sass style	编译生成的 CSS

@import "compass/layout";
#footer {
// 参数为 footer 高度
@include   sticky-footer(4px);
}
	#footer html, #footer body {
	 height: 100%;
	}
	#footer #root {
	 clear: both;
	 min-height: 100%;
	 height: auto !important;
	 height: 100%;
	 margin-bottom: -4px;
	}
	#footer #root #root_footer {
	 height: 4px;
	}
	#footer #footer {
	 clear: both;
	 position: relative;
	 height: 4px;
	}

（3）graid-background 模块

提供自适应背景，栅格背景混合组件允许产生固定、流体和弹性栅格布局，主要用于布局的测试和校对，添加栅格背景代码如下所示。

Sass style	编译生成的 CSS

@import "compass/layout";
#root{
  @include grid-background();
}
	#root {
	// 编译后部分 CSS 代码
	-moz-background-size: 100% 1.5em, auto;
	 -o-background-size: 100% 1.5em, auto;
	 -webkit-background-size: 100% 1.5em, auto;

Sass style	编译生成的 CSS
	background-size: 100% 1.5em, auto; background-position: left top; }

4　Helpers 模块

Helpers 模块主要使用了 Sass 的函数特性,将一些操作封装成函数以提升开发效率,比如 image-url()。在项目目录下建一个存放图片的文件,使用 image-url() 找到 images 指定的图片目录下的正确地址。代码如下所示。

Sass style	编译生成的 CSS

@import "compass";
a{
　background: image-url('2.jpg');
}
	a {
	　background: url('/images/2.jpg');
	}

5　Utilities 模块

Utilities 模块是对开发中经常用到的样式进行封装,主要利用 Sass 的 mixin 特性。主要包括颜色、table 样式相关的工具集合,其中 table 样式相关的工具集合如表 4.2 所示。

表 4.2　table 样式相关的工具集合

页面元素	描　　述
Table Borders	用来给 table 添加 border
Table Scaffolding	table 脚手架,进行单元格文本的对齐以及 padding 的初始化
Table Striping	对奇偶行进行不同的颜色修饰,对相隔列进行颜色修饰

使用 table 样式相关的工具集合代码如下所示。

Sass style	编译生成的 CSS

@import "compass";
　table {
　　@include table-scaffolding;
}
	table th {
	　text-align: center;
	　font-weight: bold;
	}
	table td,
	table th {
	　padding: 2px;

Sass style	编译生成的 CSS

	table td.numeric,
	table th.numeric {
	　text-align: right;
	}

技能点 3　Less 的使用方法

1　Less 概述

Less 和 Sass 在语法上有部分共性，如混合器、嵌套等。Less 诞生于 2009 年，是由 Alexis Sellier 创造的一种动态样式语言，被认为是更加简洁的 CSS。为了提高样式的可修改和可维护性，在 CSS 的基础上，添加一些元素：变量、混合器、运算、函数、继承等，以更少的 CSS 代码做更多的事情。Less 与 CSS 相比具有以下明显的优点：

- 编写代码量少；
- 不用重写样式；
- 配色容易，成本低；
- 兼容 CSS3，封装代码，节省时间。

2　Less 主要功能

相对 CSS 来说，Less 功能更强大，它具有强大的特性有助于我们的开发，例如模式匹配、条件表达式、命名空间和作用域，以及 JavaScript 赋值等。在语法上 Less 主要包括以下功能：

- 混合器（mixin）：在一个 class 中引入另外一个已经定义的 class。也可以传递带有参数的 class。
- 嵌套规则：class 中嵌套 class，从而减少重复的代码。
- 运算：数字、颜色或者变量都可以参与运算。
- 颜色功能：可以编辑颜色。
- 命名空间：为了更好地组织 CSS、封装，将一些变量或者混合模块打包起来，一些属性集之后可以重复使用。
- 作用域：首先会在局部查找变量和混合，如果没找到，编译器就会在父作用域中查找。
- JavaScript 赋值：在 CSS 中使用 JavaScript 表达式赋值。

3　Less 安装与使用

Less 源代码既可以在客户端运行，也可以在服务端运行。其安装不依赖 Ruby 环境，就能直接安装使用。

（1）在客户端安装 Less

在客户端使用 Less，只需下载 less.js 文件，然后在需要使用 Less 文件的 HTML 文档中导入即可，具体步骤如下：

①首先下载 less.js。可访问 http://LessCSS.org 下载。

②新建 HTML5 文档，在文档头部区域引入 Less 文件。在导入 Less 文件时需要注意的是：

● 设置 rel 属性值为"stylesheet/less"，指定与本文档关联的外部文件类型为层叠式样式。

● 设置 type 属性值为"text/less"指定导入的外部文件 MIME 类型为 Less。

引入 Less 文件代码如下。

```
<!DOCTYPE html>
<html lang="en">
<head>
<meta charset="UTF-8">
<title></title>
<!-- 导入外部 less 源文件 -->
<link rel="stylesheet/less" type=" text/less "  href="css/index.less"/>
<!-- 引入 less.js 文件，负责把 less 文件编译为 CSS 文件 -->
<script src="js/less.js" type="text/javascript"></script>
</head>
<body>
<!-- 内容 -->
</body>
</html>
```

（2）在服务端安装 Less

Less 在服务器端的使用主要是借助于 Less 的编译器，将 Less 源文件编译成 CSS 文件，常用的方式是利用 Node 的包管理器（npm）安装 Less，安装成功后即可在 Node 环境中对 Less 文件进行编译。

第一步：首先下载 Node.js，下载地址 https://nodejs.org/en/download/，这里下载的是"node-v0.8.20-x86.msi"，如图 4.11 所示。

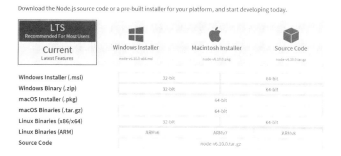

图 4.11　下载 Node.js

第二步：按正常应用程序方法安装文件后，在开始菜单中启用 Node.js 的 Command 控制面板，如图 4.12 所示。

图 4.12　Command 控制面板

在控制面板输入命令：npm install less，如图 4.13 所示。

图 4.13　输入命令

　　　　提示　Less 可以通过 npm 在命令行上运行；也可以在浏览器上作为脚本文件下载；还可以集成在广大的第三方工具 koala 内。扫描下方二维码，了解 Less 第三方工具 koala。

技能点 4　Less 动态语法

Less 是 CSS 的一种扩展形式，它并没有删除 CSS 的功能，而是在现有的 CSS 语法上，添加了很多额外的功能。比如，设置变量（Variables）、混合书写模式（mixin）、模式匹配、嵌套和运算等。

1　变量

CSS 默认不支持变量，但 Less 可以。当重复定义一个信息（如字体大小）时，将其设置成一个变量，可以在代码中重复引用。整个 Bootstrap 项目中使用了大量的变量，这些变量被用来代表颜色、字体等。其定义方式是："@ 变量名 : 值"，代码如下所示。

Less style	编译生成的 CSS

@border-color : #b5bcc7;
　.table{
　　border : 1px solid @border-color;
　}
	.table {
	　border: 1px solid #b5bcc7;
	}

2　混合器

在 Less 中,混合器是指在一个样式中引入另外一个已经定义的样式,就像在当前 class 中增加一个属性。在 Less 中,可以使用类或 id 选择器声明混合器。它可以存储多个值,并且可以在代码中重复使用,混合器有多种形式,具体如下所示。

（1）带参数变量

Less style	编译生成的 CSS

.a(@radius) {
　border-radius: @radius;
　-webkit-border-radius: @radius;
　-moz-border-radius: @radius;
}
#header {
　.a;
}
#footer {
　.a(10px);
}
	#header {
	　border-radius: 5px;
	　-webkit-border-radius: 5px;
	　-moz-border-radius: 5px;
	}
	#footer {
	　border-radius: 10px;
	　-webkit-border-radius: 10px;
	　-moz-border-radius: 10px;
	}

（2）给参数设置默认值

Less style	编译生成的 CSS

// 定义一个样式选择器
.boder (@radius:5px) {
-moz-border-radius: @radius;
-webkit-border-radius: @radius;
border-radius: @radius;
}
// 在另外的样式选择器中使用
#a {
. boder;
}
#b{
.boder(10px);
}
	#a {
	　-moz-border-radius:5px;
	　-webkit-border-radius:5px;
	　border-radius:5px;
	}
	#b{
	　-moz-border-radius:10px;
	　-webkit-border-radius:10px;
	　border-radius:10px;
	}

（3）无参属性集合

实现隐藏属性集合,避免暴露到 CSS 中去,并且在其它的属性集合中引用,代码如下所示。

Less style	编译生成的 CSS

.a () {
　color: red;
　border-bottom: solid 2px black;
}
p{ .a }
	p{
	　color: red;
	　border-bottom: solid 2px black;
	}

3　模式匹配

使用 Less 定义多个属性,然后在多个样式上重用。可以在定义混合时加入参数,使这些属性根据调用参数不同而生成不同的属性,"@_"就是代表公共的模式匹配。模式匹配是 Less 对混合器的更高级支持。代码如下所示。

Less style	编译生成的 CSS

.mixin (dark, @color) {
　color: darken(@color, 10%);
}
.mixin (light, @color) {
　color: lighten(@color, 10%);
}
.mixin (@_, @color) {
　display: block;
}
	.mixin(dark; @color) {
	color: darken(@color, 10%);
	}
	.mixin(light; @color) {
	color: lighten(@color, 10%);
	}

4　嵌套规则

Less 嵌套可以在一个选择器中嵌套另一个选择器来实现继承,嵌套元素写在父元素的 "{}",具有减少代码量,使代码更加清晰的好处。使用嵌套规则代码如下所示。

Less style	编译生成的 CSS

.container{
　h1{
　　font-size: 25px;
　　color:#E45456;
　}
　p{
　　font-size: 25px;
　　color:#3C7949;
　}
	.container h1 {
	　font-size: 25px;
	　color: #E45456;
	}
	.container p {
	　font-size: 25px;
	　color: #3C7949;
	}
	.container .myclass h {

```
.myclass{                                    font-size: 25px;
h{                                           color: #E45456;
    font-size: 25px;                       }
    color:#E45456;                         .container .myclass p {
}                                            font-size: 25px;
p{                                           color: #3C7949;
    font-size: 25px;                       }
    color:#3C7949;
}
}
}
```

提示 想了解或学习更多的关于 Less 嵌套语法的应用,扫描图中二维码,
获得更多信息。

5 运算

通过运算语法设置,可以实现加、减、乘、除运算操作,任何数字、颜色或者变量都可以参
与。代码如下所示。

Less style	编译生成的 CSS

@the-border: 1px;
@base-color: #111;
@red: #842210;
#a{
  color: (@base-color * 3);
  border-right: (@the-border * 2);
}
	#a {
	  color: #333333;
	  border-right: 2px;
	}

通过下面七个步骤的操作，实现图 4.2 所示的基于"健身 Show"运动教练界面的效果。

第一步：打开 Sublime Text 2 软件，如图 4.14 所示。

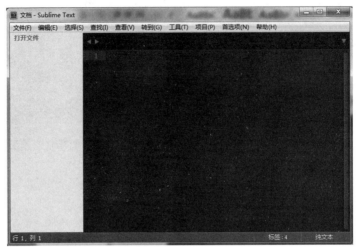

图 4.14　Sublime Text 2 界面

第二步：点击创建并保存为 CORE0401.html 文件，并通过外联方式导入 Less 和 JS 文件。如图 4.15 所示。

图 4.15　导入 Less 和 JS

第三步：页面刷新的制作。

设置 class="pre-loader" 属性进行页面刷新的制作，代码 CORE0402 如下。效果如图 4.15 所示。

代码 CORE0402　页面刷新

```
<div id="pre-loader" class="pre-loader">
<div class="loader-inner square-spin">
</div>
</div>
```

图 4.16　页面刷新

设置页面刷新样式,设置刷新时背景颜色。刷新 logo 显示在界面中间并设置其动态效果。部分代码 CORE0403 如下。

代码 CORE0403　页面刷新 Less 代码

```
.pre-loader {
  position: fixed;
  width: 100%;
  height: 100%;
  background: #2bc16e;
  z-index: 10000;
  .loader-inner {
    text-align: center;
    width: 5em;
    height: 5em;
    position: absolute;
    top: 50%;
    left: 50%;
    transform: translate(-50%, -50%);
  &> div {
     display: inline-block;
   }
  }
}
```

第四步：轮播图制作。

轮播图主要由图片、图片的计数器和图片的控制器三个部分组成，制作轮播图首先设置轮播图的容器，在容器内部使用 <ol> 有序列表添加轮播图计数器显示当前图片播放顺序，使用 class="carousel-content" 控制播放区，通过 class="item" 放置图片，通过 class="carousel-control left/right" 实现向前向后播放。部分代码 CORE0404 如下。设置样式前效果如图 4.17 所示。

```
代码 CORE0404  轮播图制作
<section class="hero-section main-slider" id="hero-section">
    <div id="redone-carousel" class="carousel slide carousel-fade animated-slider"
        data-interval="8000">
        <ol class="carousel-indicators">
            <li data-target="#redone-carousel" data-slide-to="0" class="active"></li>
                <li data-target="#redone-carousel" data-slide-to="1"></li>
        </ol>
        <div class="carousel-inner">
            <div class="active item">
    <img  class="carousel-image"  src="multipage/img/gym-fitness/slider/1.jpg" alt="slider
image one">
                    <div class="carousel-content">
                        <h1>
                            <small data-animation="animated bounceInLeft">
                                健康就是财富
                            </small>
                            <strong data-animation="animated bounceInRight">
                                一起追逐健康生活
                            </strong>
                        </h1>
                        <p class="lead" data-animation="animated bounceInDown">
                            <!-- 部分内容省略 -->
                        </p>
                        <button class="btn btn-main" data-animation="animated bounceInUp">
                            了解更多
                        </button>
                    </div>
                </div>
                <div class="item">
    <img  class="carousel-image"  src="multipage/img/gym-fitness/slider/2.jpg" alt="slider
image one">
```

```
                    <div class="carousel-content">
                      <h1>
                        <small data-animation="animated fadeInDownBig">
                          享受运动
                        </small>
                        <strong data-animation="animated fadeInLeftBig">
                          健康就是一切
                        </strong>
                      </h1>
                    <p class="lead" data-animation="animated fadeInRightBig">
                        <!-- 部分内容省略 -->
                      </p>
   <button class="btn btn-main" data-animation="animated fadeInUpBig">
                        现在购买
                      </button>
                    </div>
                </div>
           </div>
<a class="carousel-control left" href="#redone-carousel" data-slide="prev">
                <span class="fa fa-angle-left" aria-hidden="true"></span>
                <span class="sr-only">Previous</span></a>
   <a class="carousel-control right" href="#redone-carousel" data-slide="next">
                <span class="fa fa-angle-right" aria-hidden="true"></span>
                <span class="sr-only">Previous</span>
            </a>
      </div>
</section>
```

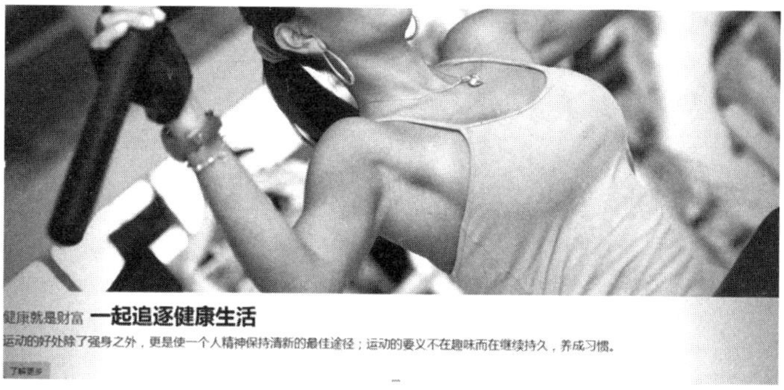

图 4.17　轮播图设置样式前

设置轮播图样式，设置轮播图上的字体与样式，为字体添加动态效果。部分代码

CORE0405 如下。设置样式后效果如图 4.18 所示。

代码 CORE0405 轮播图 Less 代码

```less
.hero-section
position: absolute;
top: 0;
left: 0;
height: 660px;
width: 100%;
}
.main-slider {
.carousel-control {
z-index: 2;
background: transparent;
opacity: 0;
transition: opacity .2s;
&.right {
  span {
    left: auto;
    right: 3em;
    }
  }
}
  .carousel-indicators {
  li {
&.active {
    background: #2bc16e;
    }
   }
  }
  .carousel-content {
    h1 {
    color: #fff;
    text-transform: uppercase;
    margin-top: 0;
    }
   }
   .animated-slider {
   h1
```

```
        strong {
          animation-delay: 1s;
        }
      }
      .lead {
        animation-delay: 2s;
      }
      .btn {
        animation-delay: 3s;
      }
    }
  }
@media {
 (max-width {
&: {
     767px) {
       .main-slider .carousel-control.right span {
            right: 1 em;
        }
        }
       }
     }
   } {
     .main-slider {
       .carousel-indicators {
         li {
&:last-child {
     margin-right: 0;
        }
       }
     }
   }
  }
 }
}
```

图 4.18　轮播图设置样式后

设置轮播图 JS 部分代码 CORE0406 如下所示。

代码 CORE0406　轮播图 JS 代码

```
    $firstAnimatingElems  =  $redoneCarousel.find(".item:first").find("[data-animation
^= 'animated']");
    $redoneCarousel.carousel(),
        doAnimations($firstAnimatingElems),
        $redoneCarousel.on("slide.bs.carousel", function(a) {
            var e = $(a.relatedTarget).find("[data-animation ^= 'animated']");
            doAnimations(e)
})
```

第五步：教练展示简介。

教练展示简介通过 <h2> 标签设置标题，<p> 标签设置段落。代码 CORE0407 如下。设置样式前效果如图 4.19 所示。

代码 CORE0407　教练展示简介

```
<div id="fh5co-gallery">
    <div class="container">
        <div class="row">
            <div class="col-md-8 col-md-offset-2 text-center fh5co-heading animate-box">
                <h2> 运动教练 </h2>
                <p>

                            <!-- 部分内容省略 -->

                </p>
            </div>
        </div>
    </div>
</div>
```

图 4.19 教练展示简介设置样式前

设置教练展示样式,将标题与内容介绍居中显示并设置其字体样式。部分代码 CORE0408 如下。设置样式后效果如图 4.20 所示。

代码 CORE0408 教练展示简介 Less 代码

```less
.fh5co-heading {
  margin-bottom: 5em;
  h2 {
    font-size: 30px;
    margin-bottom: 40px;
    line-height: 1.5;
    color: #000;
    text-transform: uppercase;
    position: relative;
  }
  p {
    font-size: 18px;
    line-height: 1.5;
    color: #828282;
  }
}
h2 {
  display: block;
  font-weight: bold;
}
p {
  display: block;
```

```
    }
  .text-center {
    text-align: center;
    }
```

图 4.20   教练展示简介设置样式后

第六步：教练展示之一。

教练分为两种形式展示，其中一种形式是通过设置背景图片，另一种形式直接用 <img>
插入图片，通过设置栅格系统进行页面布局。设置背景图片展示教练，代码 CORE0409 如下。
设置样式前效果如图 4.21 所示。

代码 CORE0409 教练展示

```html
<div class="container-fluid">
    <div class="row row-bottom-padded-md">
        <div class="col-md-12">
            <ul id="fh5co-portfolio-list">
                <li class="one-third animate-box" data-animate-effect="-
fadeIn" style="background-image: url(images/photo1.png); ">
                    <a href="#">
                        <div class="case-studies-summary">
                        <span>Barbara</span>
                        <h4 style="color: white">
                        亚洲形体导师 <br>
                        NSCA-CPT 美国国家体适能协会
                        </h4>
```

```
                                    </div>
                                </a>
                            </li>
                            <li class="one-third animate-box" data-animate-effect="-
fadeIn" style="background-image: url(images/photo2.png);">
                                <a href="#">
                        <div class="case-studies-summary">
                                            <span>Judy</span>
                                            <h4 style="color: white">
                                                亚洲形体导师 <br>
                                                高级私人健身教练
                                            </h4>
                                    </div>
                                </a>
                            </li>
                            <!-- 部分代码省略 -->
                        </ul>
                    </div>
                </div>
            </div>
```

图 4.21　教练展示设置样式前

　　设置教练展示样式,使图片之间具有间距,设置图片描述内容的字体样式,实现当鼠标移动到图片上时,图片描述内容会显示具有透明度的背景颜色。部分代码 CORE0410 如下。设置样式后效果如图 4.22 所示。

代码 CORE0410　运动教练 Less 代码

```less
#fh5co-portfolio-list {
 li {
&.one-third {
    width: 23.8%;
   }
  }
 }
style {
&.scss {
&:1764 {
    #fh5co-portfolio-list {
     li {
       display: block;
       padding: 0;
       margin: 0 0 15px 1%;
       list-style: none;
       min-height: 400px;
       background-position: center center;
       background-size: cover;
       background-repeat: no-repeat;
       float: left;
       clear: left;
       position: relative;
      }
     }
    }
   }
  }
 }
element {
&.style {
   color: white;
  }
 }
```

```
ul {
  list-style-type: none;
  padding-left: 0;
}
```

图 4.22　教练展示设置样式后

第七步：教练展示之二。

使用 <img> 标签插入图片，并使用栅格系统进行页面布局。代码 CORE0411 如下所示。设置样式前效果如图 4.23 所示。

代码 CORE0411　教练展示

```
<section class="team-members section-block" id="team-members">
    <div class="container">
        <div class="row section-content">
            <div class="col-md-3 col-sm-6">
                <div class="image-block">
                    <img class="img-responsive" src="images/photo3.png" al-
t="team member one">
                    <div class="hover-content">
                        <div class="hover-content-wrapper">
                            <p>
```

```
                                亚洲形体资深导师 </br>
                                国家一级社会体育指导员 </br>
                                高级私人健身教练
                            </p>
                        </div>
                    </div>
                </div>
                <div class="member-info">
                    <h4> 吴易奚 </h4>
                    <h5> 创始人 & 首席执行官 </h5>
                </div>
            </div>
            <div class="col-md-3 col-sm-6">
                <div class="image-block">
                    <img   class="img-responsive"   src="images/photo4.
png"
                        alt="team member one">
                    <div class="hover-content">
                        <div class="hover-content-wrapper">
                            <p>
                                亚洲形体基础实践导师 </br>
                                国家职业资格认证 </br>
                                亚洲形体高私认证 </br>
                                国家社会体育指导员
                            </p>
                        </div>
                    </div>
                </div>
                <div class="member-info">
                        <h4> 陈韦明 </h4>
                        <h5> 创始人 & 首席执行官 </h5>
                </div>
            </div>
            <!-- 省略部分代码 -->
        </div>
    </div>
</section>
```

图 4.23 教练展示设置样式前

设置运动教练样式,将运动教练的标题与内容描述居中显示并设置其样式。实现当鼠标移动到图片上时显示图片介绍内容,当鼠标移走时消失的效果。部分代码 CORE0412 如下。设置样式后效果如图 4.24 所示。

至此,"健身 Show"运动教练界面制作完成。

代码 CORE0412 运动教练 Less 代码

```less
#fh5co-portfolio-list {
  li {
  &.one-third {
     width: 23.8%;
    }
   }
 }
```

```
style {
&.scss {
&:1764 {
    .team-members {
     .section-content {
&> div {
&:hover {
        .hover-content {
         opacity: 1;
         transform: scale(1, 1);
        }
       }
      }
     }
    }
   }
  }
 }
.team-members {
 .section-content {
  .image-block {
   position: relative;
   img {
    margin: auto;
   }
  }
  .hover-content {
   text-align: center;
   color: #fff;
   margin-bottom: -3px;
   transition: .4s;
   opacity: 0;
  }
 }
}
```

图 4.24　教练展示设置样式后

　　本项目通过学习"健身 Show"运动教练界面，了解 Bootstrap 中 Sass 的优势与安装过程，掌握 Sass 的基本使用和相关的扩展库，熟练掌握 Less 的使用、安装及动态语法等知识。最终实现使用 Sass 或 Less 对运动教练界面中 CSS 样式优化。

mixin	混合	namespace	名字空间
nested	嵌套	scope	作用域
operation	运算	expression	表达式
import	导入	reset	重置
extend	继承	layout	布局

一、选择题

1. Sass 指的是（　　　）。

A.CSS 预处理器　　　　　　B. 编译预处理器　　　　　C. 协处理器

2. 以下哪个不是 Sass 的优势（　　　）。

A. 减少代码重复性　　　　B. 便于维护　　　　　C. 配色容易

3. 以下哪个不是 Sass 的语法（　　　）。

A. 混合　　　　　　　　B. 嵌套　　　　　　C. 继承　　　　　　D. 常量

4. Less 变量定义方式是（　　　）。

A. 变量名 @: 值　　　　B.@ 变量名 : 值　　　　C.# 变量名 : 值　　　D.@ 变量名

5. 以下哪个不是 Compass 的组成模块（　　　）。

A.Reset　　　　　　　　B.layout　　　　　　C.Helpers　　　　　D.LOOK

二、填空题

1. Sass 具有使用变量、_____、_____、_____、运算、_____ 等功能。

2. Sass 是采用 _____ 编写的。

3. Sass 定义变量的方式 _____。

4. Less 是由 Alexis Sellier 创造的一种 _____，诞生于 _____ 年。

5. 使用 CSS 预处理器语言的嵌套特性，在父元素的 _____ 里写嵌套元素。

三、上机题

实现从一个选择器继承另一个选择器下的所有样式。要求：

1. footer 在页面底部 40px。

2. 用 Sass 扩展库 layout 模块等知识点实现下图效果。

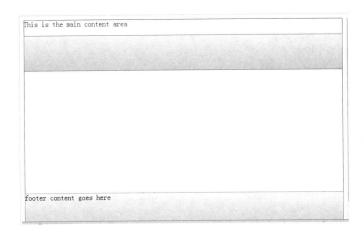

项目五 基于"健身Show"运动分享界面的实现

通过实现"健身 Show"运动分享界面，了解使用 Bootstrap 栅格系统将图片美观大方的显示出来，学习 Bootstrap 栅格系统、下拉菜单和按钮组等相关知识，掌握 Bootstrap 字体图标相关文件的引用及使用，具有将栅格系统与按钮组结合使用能力。在任务实现过程中：

- 了解使用 Bootstrap 栅格系统显示图片。
- 掌握 Bootstrap 下拉菜单的相关知识。
- 了解 Bootstrap 按钮组的应用。
- 具有将栅格系统与按钮组结合使用能力。

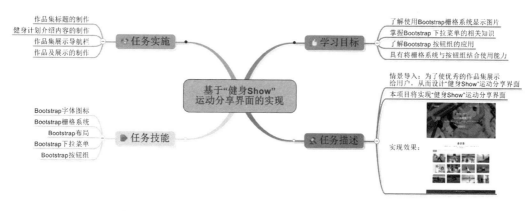

【情境导入】

在健身的过程中持之以恒是非常重要的，开发人员为了让人们在健身时有更多的乐趣，在网站中设计了运动分享模块。该模块将优秀的健身爱好者平时运动的照片、信息进行分类，通过作品集的方式展现给用户。用户之间可以交流彼此的健身经验和健身心得。该模块主要利用 Bootstrap 的列表与栅格进行界面布局，将界面清晰的展现给用户。本项目主要通过实现"健身 Show"运动分享界面来学习 Bootstrap 栅格系统的相关知识。

【功能描述】

本项目将实现"健身 Show"运动分享界面。

- 使用字体图标设置界面中小图标的显示。
- 使用栅格系统设置界面的布局。
- 使用 Bootstrap 布局制作响应式界面。
- 使用下拉列表设置子菜单的显示。

【基本框架】

基本框架如图 5.1 所示。通过本项目的学习，能将框架图 5.1 转换成"健身 Show"运动分享界面，效果如图 5.2 所示。

图 5.1　框架图

图 5.2　效果图

技能点 1　Bootstrap 字体图标

字体图标是在网页设计中使用的图形字体，来自 Glyphicon Halflings，可以和按钮、下拉菜单、导航栏等一起使用。使用字体图标步骤如下：

第一步：下载字体图标文件（http://v3.bootcss.com/getting-started/#download）。包含文件如

图 5.3 所示。

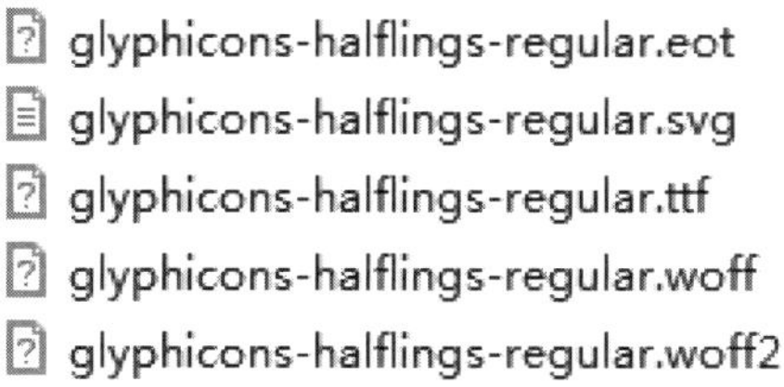

glyphicons-halflings-regular.eot
glyphicons-halflings-regular.svg
glyphicons-halflings-regular.ttf
glyphicons-halflings-regular.woff
glyphicons-halflings-regular.woff2

图 5.3　fonts 文件

第二步：引用 Bootstrap 的 CSS 和 JS 文件，代码如下所示。

```
<link  href="css/bootstrap-3.3.7.css">
<script src="js/bootstrap-3.3.7.js"></script>
```

第三步：调用字体图标，代码如下所示。

```
<span class="glyphicon glyphicon-search"></span>
```

在导航栏中插入字体图标效果如图 5.4 所示。

健身项目
首页
运动分类
运动计划
运动教练
运动分享

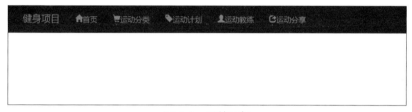

图 5.4　导航图标

为了实现图 5.4 的效果，新建 CORE0501.html，代码如 CORE0501 所示。

代码 CORE0501　导航图标

```
<!DOCTYPE html>
<html>
    <head>
            <meta charset="utf-8" />
            <title></title>
            <link  href="css/bootstrap-3.3.7.css">
    </head>
    <body>
            <div class="navbar navbar-fixed-top navbar-inverse" role="navigation">
                    <div class="container">
                            <div class="navbar-header">
                                    <a class="navbar-brand" href="#"> 健身项目 </a>
```

```
                              </div>
                              <div class="collapse navbar-collapse">
                              <ul class="nav navbar-nav">
                                  <li>
                                  <a href="#">
                                  <span class="glyphicon glyphicon-home"> 首页
</span></a>
                                  </li>
                                  <li>
                                  <a href="#">
                              <span   class="glyphicon   glyphicon-shopping-cart"> 运 动 分 类 </
span>
                                  </a>
                                  </li>
                                  <!-- 省略部分代码 -->
                              </ul>
                              </div>
                          </div>
                      </div>
                  </body>
              </html>
```

　　　　　　提示　在现有的图标库中，如果没有令你满意的字体图标，扫描下方二维码，根据自己的想法，定制出一款独一无二的字体图标！

技能点 2　Bootstrap 栅格系统

　　栅格系统（Grid System），是一种平面设计的方法，主要用于调整页面布局。Bootstrap 包含一个响应式、移动设备优先、不固定的栅格系统，随着视图窗口尺寸的增加，布局最多会自动分为 12 列。

1　栅格系统选项

　　为了使开发人员在开发时有更多地选择，Bootstrap 对不同尺寸的手机、平板、PC 的屏幕设置不同的样式。当在一个元素上使用多个不同的样式类，元素会根据分辨率选择最合适的样式。Bootstrap 栅格系统在不同设备上的应用如表 5.1 所示。

表 5.1　Bootstrap 栅格系统在不同设备上的应用

	超小屏幕手机 (<768px)	小屏幕平板 (≥768px)	中等屏幕桌面 (≥992px)	大屏幕桌面 (≥1200px)
栅栏系统行为	总是水平排列	开始是堆叠在一起的,超过这些阈值将变为水平排列		
最大 .container 宽度	None(自动)	750px	970px	1170px
class 前缀	.col-xs-	.col-sm-	.col-md-	.col-lg-
列数	12			
最大列宽	自动	60px	78px	95px
槽宽	30px(每列左右均有 15px)			
可嵌套	Yes			
Offsets	N/A	Yes		
列排序	N/A	Yes		

2　栅格系统工作原理

栅格系统的使用,对于网页设计者来说界面更加美观、大方,对于网页开发者来说内容编写更加简单,格式更加规范。

栅格系统通过内容的行和列来创建界面布局,其工作原理为:

- 行(row)必须包含在含有 class="container" 或 class="container-fluid" 的标签中。
- 内容应该放置在列(col)内,只有列(col)可以是行(row)的直接子元素。

3　基本用法

(1)列偏移

列偏移的主要作用是把列移动到它原始位置的右侧,使用方法是在列元素上添加 class="col-md-offset-*"(其中星号代表要偏移的列组合数)。例如,在列元素上添加 class="col-md-offset-4",表示该列向右移动 4 个列的宽度。使用列偏移效果如图 5.5 所示。

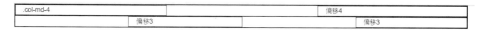

图 5.5　列偏移示例

为了实现图 5.5 的效果,新建 CORE0502.html,代码如 CORE0502 所示。

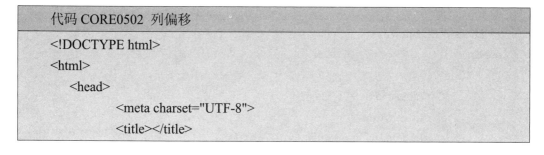

代码 CORE0502　列偏移

```
<!DOCTYPE html>
<html>
    <head>
        <meta charset="UTF-8">
        <title></title>
```

```
                    <link  href="css/bootstrap-3.3.7.css">
        </head>
        <body>
            <style>
                div {
                    border: 1px solid black;
                }
            </style>
            <div class="container">
                <div class="row">
                    <div class="col-md-4">.col-md-4</div>
                    <div class="col-md-4 col-md-offset-4"> 偏移 4</div>
                </div>
                <div class="row">
                    <div class="col-md-3 col-md-offset-3"> 偏移 3</div>
                    <div class="col-md-3 col-md-offset-3"> 偏移 3</div>
                </div>
            </div>
        </body>
    </html>
```

（2）列排序

列排序通过使用 class="col-md-push-*" 和 class="col-md-pull-*" 实现内置栅格系统列的排序，其中 * 范围是从 1 到 11。使用列排序效果如图 5.6 所示。

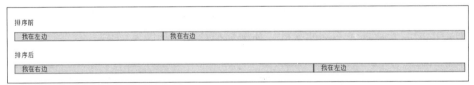

图 5.6　列排序示例

为了实现图 5.6 的效果，新建 CORE0503.html，代码如 CORE0503 所示。

代码 CORE0503 列排序

```
<!DOCTYPE html>
<html>
    <head>
            <meta charset="UTF-8">
            <title></title>
            <link  href="css/bootstrap-3.3.7.css">
```

```
        </head>
        <body>
                <style>
                        div {
                                background-color: #dedef8;
                                box-shadow: inset 1px -1px 1px #444, inset -1px 1px 1px #444;
                        }
                </style>
                <div class="container">
                        <div class="row">
                                <p> 排序前 </p>
                                <div class="col-md-4" id="left">
                                        我在左边
                                </div>
                                <div class="col-md-8" id="right">
                                        我在右边
                                </div>
                        </div><br>
                        <div class="row">
                                <p> 排序后 </p>
                                <div class="col-md-4 col-md-push-8">
                                        我在左边
                                </div>
                                <div class="col-md-8 col-md-pull-4">
                                        我在右边
                                </div>
                        </div>
                </div>
        </body>
</html>
```

（3）列嵌套

Bootstrap 框架的栅格系统支持列嵌套。其实现方式是在一个列中添加行（row）容器，然后在行容器中继续插入列。其中当行容器（row）宽度为 100% 时，为当前外部列的宽度。使用列嵌套效果如图 5.7 所示。

图 5.7　列嵌套示例

为了实现图 5.7 的效果，新建 CORE0504.html，代码如 CORE0504 所示。

代码 CORE0504　列嵌套

```html
<!DOCTYPE html>
<html>
    <head>
            <meta charset="UTF-8">
            <title></title>
            <link  href="css/bootstrap-3.3.7.css">
    </head>
    <style>
            div {
                    border: 1px solid black;
            }
    </style>
    <body class="container">
            <div class="row">
                    <div class="col-md-12">.col-md-12
                        <div class="row">
                                <div class="col-md-6"> 嵌套 .col-md-6 </div>
                                <div class="col-md-6"> 嵌套 .col-md-6 </div>
                        </div>
                        <div class="row">
                                <div class="col-md-3"> 嵌套 .col-md-3 </div>
                                <div class="col-md-6"> 嵌套 .col-md-6 还有 .col-md-3 未嵌套 </div>
                        </div>
                    </div>
            </div>
    </body>
</html>
```

技能点 3　Bootstrap 布局

Bootstrap 布局是在栅格系统外加上一个容器。其布局方式有两种：固定式布局和响应式布局。其中固定式布局采用固定宽度的方式，响应式布局采用自适应宽度的方式。Bootstrap

布局方式如表 5.2 所示。

表 5.2　Bootstrap 布局方式

布　局	说　明
class="container"	设置固定式布局
class="container-fluid"	设置响应式布局

1　固定式布局

对于固定式布局,当浏览器视图窗口变化时,它所包含的内容不会发生变化,而是固定在整个布局中。使用固定布局效果如图 5.8 所示。

（a）缩小屏幕前

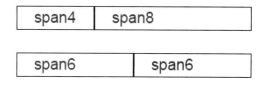

（b）缩小屏幕后

图 5.8　使用固定布局效果示例

为了实现图 5.8 的效果,新建 CORE0505.html,代码如 CORE0505 所示。

```
代码 CORE0505　固定式布局
<!DOCTYPE html>
<html>
    <head>
            <meta charset="UTF-8">
            <title></title>
            <link href="css/bootstrap-3.3.7.css">
    </head>
    <body>
            <div class="container">
                    <div class="row">
                            <div class="span4">span4</div>
                            <div class="span8">span8</div>
                    </div><br />
```

```
                    <div class="row">
                            <div class="span6">span6</div>
                            <div class="span6">span6</div>
                    </div>
            </div>
        </body>
    </html>
```

2 响应式布局

使用响应式布局时，需添加 <meta> 标签和引入 Bootstrap 中的响应式布局相关的 CSS 文件。代码如下所示。

```
<!-- 添加 meta 标签，设置屏幕响应式 -->
<meta name="viewport" content="width=device-width, initial-scale=1.0">
<!-- 引入响应式布局相关的 CSS 文件 -->
<link href="css/bootstrap-responsive.css" >
```

使用响应式布局效果如图 5.9 所示。

（a）宿小屏幕前

（b）缩小屏幕后

图 5.9　响应式布局效果示例

为了实现图 5.9 的效果，新建 CORE0506.html，代码如 CORE0506 所示。

```
代码 CORE0506 响应式布局
<!DOCTYPE html>
<html>
    <head>
            <meta charset="UTF-8">
            <title></title>
            <link  href="css/bootstrap-3.3.7.css">
    </head>
    <body>
```

```
        <style>
            div {
                    background-color: #dedef8;
                    box-shadow: inset 1px -1px 1px #444, inset -1px 1px 1px
                        #444;
            }
        </style>
        <div class="container">
            <div class="row visible-on">
                <div class="col-xs-6 col-sm-3">
                    <span class="hidden-xs"> 特别小型 </span>
                </div>
                <div class="col-xs-6 col-sm-3">
                    <span class="hidden-sm"> 小型 </span>
                </div>
                <div class="clearfix visible-xs"></div>
                <div class="col-xs-6 col-sm-3">
                    <span class="hidden-md"> 中型 </span>
                </div>
                <div class="col-xs-6 col-sm-3">
                    <span class="hidden-lg"> 大型 </span>
                    <span class="visible-lg"> ✔在大型设备上可见
                    </span>
                </div>
            </div>
        </div>
    </body>
</html>
```

技能点 4　Bootstrap 下拉菜单

下拉菜单是以列表形式显示子菜单的独立组件。在使用下拉菜单时需要在含有 class="-dropdown" 的标签内添加 class="dropdown-menu" 的下拉子菜单 。下拉菜单属性如表 5.3 所示。

表 5.3   下拉菜单属性

属 性	说 明
.dropdown	指定下拉菜单,下拉菜单都包裹在 .dropdown 里
.dropdown-menu	创建下拉菜单
.dropup	指定上拉菜单,上拉菜单都包裹在 .dropup 里
.disabled	下拉菜单中的禁用项
.divider	下拉菜单中的分割线

1   基本下拉菜单

下拉菜单是网页上最常见的效果之一,好处是使页面节省排版空间,布局简洁有序,点击下拉菜单时,会出现其相对应的子菜单。通过 class="dropdown" 设置下拉菜单实现下拉效果。使用基本下拉菜单效果如图 5.10 所示。

图 5.10   基本下拉菜单示例

为了实现图 5.10 的效果,新建 CORE0507.html,代码如 CORE0507 所示。

```
代码 CORE0507  基本下拉菜单
<!DOCTYPE html>
<html>
    <head>
        <meta charset="UTF-8">
        <title></title>
        <link  href="css/bootstrap-3.3.7.css">
        <script src="js/jquery-1.9.1.min.js"></script>
        <script src="js/bootstrap-3.3.7.js"></script>
    </head>
    <body>
        <div class="dropdown">
            <!--data-toggle="dropdown" 进行页面切换 -->
```

```
<button data-toggle="dropdown"> 首页
<span class="caret"></span>
</button>
<ul class="dropdown-menu">
        <li>
                <a href="#"> 运动分类 </a>
        </li>
        <li>
                <a href="#"> 运动计划 </a>
        </li>
        <li>
                <a href="#"> 运动教练 </a>
        </li>
        <li>
                <a href="#"> 运动分享 </a>
        </li>
    </ul>
    </div>
    </body>
    </html>
```

2　上拉菜单

当使用下拉菜单 class="dropdown" 不能满足需求时，可以通过 class="dropup" 实现下拉菜单向上弹出效果，使用上拉菜单效果如图 5.11 所示。

图 5.11　上拉菜单示例

为了实现图 5.11 的效果，新建 CORE0508.html，代码如 CORE0508 所示。

代码 CORE0508　上拉菜单

```
<!DOCTYPE html>
<html>
    <head>
            <meta charset="UTF-8">
            <title></title>
            <link  href="css/bootstrap-3.3.7.css">
            <script src="js/jquery-1.9.1.min.js"></script>
            <script src="js/bootstrap-3.3.7.js"></script>
    </head>
    <body>
            <div class="dropup">
                    <!--data-toggle="dropdown" 进行页面切换 -->
                    <button data-toggle="dropdown"> 首页
                    <span class="caret"></span>
                    </button>
                    <ul class="dropdown-menu">
                            <li>
                                    <a href="#"> 运动分类 </a>
                            </li>
                            <li>
                                    <a href="#"> 运动计划 </a>
                            </li>
                            <li>
                                    <a href="#"> 运动教练 </a>
                            </li>
                            <li>
                                    <a href="#"> 运动分享 </a>
                            </li>
                    </ul>
            </div>
    </body>
</html>
```

提示　当我们学会使用下拉菜单后,你是否满足于单一的应用呢,这里会有你想不到的惊喜,心动不如行动,快来扫我吧!

技能点 5　Bootstrap 按钮组

按钮组由多个按钮堆叠在一起组成，一般情况下和下拉菜单、表单等组件结合使用。主要应用于网页导航条、表单提交、分页等事件中。所有按钮组设置都基于 .btn 类，按钮组属性如表 5.4 所示。

表 5.4　按钮组属性

属　　性	说　　明
.btn	为按钮添加基本样式
.btn-group	形成基本的按钮组
.btn-group-vertical	按钮垂直堆叠显示
.btn-default	默认 / 标准按钮
.btn-toolbar	对按钮组分类

1　基本按钮组

基本按钮组中包含带有 .btn 类的一系列按钮。设置按钮组需要将 class="btn-group" 和 <button>、<li>、<a>、<span> 或 <p> 等标签结合使用。使用基本按钮组效果如图 5.12 所示。

图 5.12　基本按钮组

为了实现图 5.12 的效果，新建 CORE0509.html，代码如 CORE0509 所示。

```
代码 CORE0509　基本按钮组
<!DOCTYPE html>
<html>
    <head>
        <meta charset="utf-8">
        <title></title>
        <link  href="css/bootstrap-3.3.7.css">
    </head>
    <body>
        <div class="btn-group">
```

```
                    <p class="btn btn-info"> 首页 </p>
                    <li class="btn btn-info"> 运动分类 </li>
                    <a class="btn btn-info"> 运动计划 </a>
                    <span class="btn btn-info"> 运动教练 </span>
                    <button class="btn btn-info"> 运动分享 </button>
            </div>
        </body>
    </html>
```

2　按钮工具栏

按钮工具栏主要用于分页、编辑图标按钮等，设置按钮工具栏需要将多个 class="btn-group" 放入 class="btn-toolbar" 中。使用按钮工具栏实现效果如图 5.13 所示。

图 5.13　按钮工具栏

为了实现 5.13 的效果，新建 CORE0510.html，代码如 CORE0510 所示。

代码 CORE0510　按钮工具栏

```
<!DOCTYPE html>
<html>
    <head>
            <meta charset="utf-8">
            <title></title>
            <link  href="css/bootstrap-3.3.7.css">
    </head>
    <body>
            <div class="btn-toolbar ">
                    <div class="btn-group">
                            <button type="button" class="btn">
                            <i class="glyphicon glyphicon-step-backward"></i>
                            </button>
                            <button type="button" class="btn">
                    <i class="glyphicon glyphicon-backward"></i>
                    </button>
```

```
        </div>
        <div class="btn-group">
                <button class="btn">1</button>
                <button class="btn">2</button>
                <button class="btn">...</button>
                <button class="btn">6</button>
                <button class="btn">7</button>
        </div>
        <div class="btn-group">
                <button type="button" class="btn">
                <i class="glyphicon glyphicon-forward"></i>
                </button>
                <button type="button" class="btn">
                <i class="glyphicon glyphicon-step-forward"></i>
                </button>
        </div>
      </div>
    </body>
  </html>
```

3 垂直排列

默认的按钮组排列方式是水平的,当水平按钮组不能满足需求时,可以通过 class="btn-group-vertical" 实现按钮组垂直排列,使用垂直排列效果如图 5.14 所示。

图 5.14　垂直排列

为了实现图 5.14 的效果，新建 CORE0511.html，代码如 CORE0511 所示。

代码 CORE0511 垂直排列

```html
<!DOCTYPE html>
<html>
    <head>
            <meta charset="utf-8">
            <title></title>
            <link href="css/bootstrap-3.3.7.css">
            <script src="js/jquery-1.9.1.min.js"></script>
            <script src="js/bootstrap-3.3.7.js"></script>
    </head>
    <body>
            <div class="btn-group-vertical">
            <button type="button" class="btn btn-default"> 首页 </button>
        <button type="button" class="btn btn-default"> 运动分类 </button>
            <div class="btn-group-vertical">
        <button type="button"class="btn btn-default dropdown-toggle" data-toggle="drop-
down">
                    运动计划
                    <span class="caret"></span>
            </button>
                    <ul class="dropdown-menu">
                        <li><a href="#"> 运动教练 </a></li>
                        <li><a href="#"> 运动分享 </a></li>
                    </ul>
            </div>
            </div>
    </body>
</html>
```

通过下面六个步骤的操作，实现图 5.2 所示的基于"健身 Show"运动分享界面的效果。

第一步：打开 Sublime Text 2 软件，如图 5.15 所示。

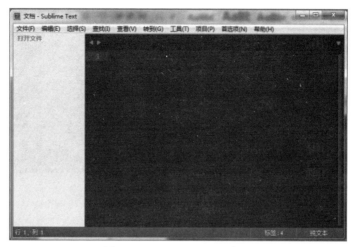

图 5.15 Sublime Text 2 界面

第二步：点击创建并保存为 CORE0512 文件，并通过外联方式导入 CSS 文件和 JS 文件。如图 5.16 所示。

图 5.16 导入 CSS 和 JS

第三步：作品集标题。

作品集介绍由标题和内容组成，通过 class="wow" 设置文字介绍的动画效果，作品集标题使用 <h1> 标签设置，代码 CORE0513 如下。设置样式前效果如图 5.17 所示。

代码 CORE0513 作品集介绍

```html
<!--WOW 设置动画效果 -->
<div class="portfolio-top wow fadeInDownBig" >
    <h1> 作品集 </h1>
</div>
```

图 5.17　作品集标题设置样式前

设置作品集标题样式。部分代码 CORE0514 如下。设置样式后效果如图 5.18 所示。

代码 CORE0514　作品集标题 CSS 代码

```
.portfolio-top h1 {
    font-size: 3em;
    color: #25A7AD;
    margin: 0;
    padding: 0em 0 0.3em 0;
font-family: 'Amaranth', sans-serif;
font-weight: bold;
 display: block;
}
```

图 5.18　作品集标题设置样式后

设置作品集标题 JS 代码如 CORE0515 所示。

代码 CORE0515　作品集标题 JS 代码

```
<script>
    new WOW().init();
</script>
```

第四步：作品集介绍内容。

作品集介绍内容采用 <p> 标签设置段落文字，代码 CORE0516 如下。设置样式前效果如图 5.19 所示。

代码 CORE0516　作品集介绍内容

```
<!--WOW 设置动画效果 -->
<div class="portfolio-top wow fadeInDownBig" >
    <h1> 作品集 </h1>
    <p> 凡事有其自然，遇事处之泰然，得意之时淡然，失意之时坦然。
            越忙越要抽空练，练好身体常保健；决心信心加恒心，修炼身心意志坚。
    </p>
</div>
```

图 5.19　作品集介绍内容设置样式前

设置作品集介绍内容样式。部分代码 CORE0517 如下。设置样式后效果如图 5.20 所示。

代码 CORE0517　作品集介绍内容 CSS 代码

```
.portfolio-top p {
    color: #6A6A6A;
    font-size: 0.9em;
    width: 60%;
```

```
        margin: 0 auto;
        line-height: 1.8em;
    }
```

图 5.20　作品集介绍内容设置样式后

第五步：作品集展示导航。

作品集展示由导航和图片组成，导航通过无序列表设置。部分代码 CORE0518 如下。设置样式前效果如图 5.21 所示。

代码 CORE0518　作品集展示的制作

```
<div class="sap_tabs">
<div id="horizontalTab" >
  <ul class="resp-tabs-list">
    <li class="resp-tab-item" aria-controls="tab_item-0" role="tab">
      <span> 所有 </span>
    </li>
    <li class="resp-tab-item" aria-controls="tab_item-1" role="tab">
      <span> 分类 1</span>
    </li>
    <li class="resp-tab-item" aria-controls="tab_item-2" role="tab">
      <span> 分类 2</span>
    </li>
    <li class="resp-tab-item" aria-controls="tab_item-3" role="tab">
      <span> 分类 3</span>
    </li>
  </ul>
```

```
    </div>
    </div>
```

图 5.21　作品集展示导航设置样式前

设置作品集展示导航样式,将无序列表的标码隐藏,使导航水平显示,设置导航样式及其导航元素样式。部分代码 CORE0519 如下,设置样式后效果如图 5.22 所示。

代码 CORE0519 作品集展示导航 CSS 代码

```css
.sap_tabs{
    clear:both;
    padding: 0em 0 2em;
}
/* 设置导航样式 */
.resp-tabs-list {
 list-style: none;
 padding: 2em 9px 1em;
 margin: 0 auto;
}
/* 设置导航元素样式 */
.resp-tab-item {
    color: #e68523;
    font-size: 0.9em;
    cursor: pointer;
    padding: 6px 25px;
```

```
        display: inline-block;
        margin: 0;
        text-align: center;
        list-style: none;
        outline: none;
        transition: all 0.3s ease-out;
        text-transform: uppercase;
        border: 2px solid #e68523;
        margin: 0 0.5em 0;
    }
```

图 5.22　作品集展示导航栏设置样式后

第六步：作品集展示。

作品集展示采用 <img> 标签插入相对应的图片，通过点击导航栏元素，系统会读出 aria-controls 里面的内容。部分代码 CORE0520 如下。设置样式前效果如图 5.23 所示。

代码 CORE0520　作品集展示的制作

```
<!— 省略部分代码 -->
<div class="resp-tabs-container">
    <div class="tab-1 resp-tab-content" aria-labelledby="tab_item-0">
        <div class="tab_img">
            <div class="col-md-3 img-top ">
                <a href="images/p2.jpg" class="b-link-stripe b-animate-go swipebox" title="Image Title">
                    <img src="images/p2.jpg" class="img-responsive" alt="">
```

```
                <div class="link-top">
                 <i class="link"></i>
                </div>
            </a>
            </div>
            <div class="col-md-3 img-top ">
             <a href="images/p12.jpg" class="b-link-stripe b-animate-go swipebox" title="Image Title">
                    <img src="images/p12.jpg" class="img-responsive" alt="">
                    <div class="link-top">
                        <i class="link"></i>
                    </div>
                </a>
            </div>
        </div>
    </div>
    <div class="tab-1 resp-tab-content" aria-labelledby="tab_item-1">
        <div class="tab_img">
            <div class="col-md-3 img-top ">
                <a href="images/p6.jpg" class="b-link-stripe b-animate-go swipebox" title="Image Title">
                        <img src="images/p6.jpg" class="img-responsive" alt="">
                        <div class="link-top">
                            <i class="link"></i>
                        </div>
                    </a>
                </div>
                <div class="clearfix"></div>
            </div>
        </div>
        <div class="tab-1 resp-tab-content" aria-labelledby="tab_item-2">
            <div class="tab_img">
                <div class="col-md-3 img-top ">
                    <a href="images/p12.jpg" class="b-link-stripe b-animate-go swipebox" title="Image Title">
                        <img src="images/p12.jpg" class="img-responsive" alt="">
                        <div class="link-top">
```

```
                                <i class="link"></i>
                        </div>
                    </a>
                </div>
            </div>
        </div>
        <div class="tab-1 resp-tab-content" aria-labelledby="tab_item-3">
            <div class="tab_img">
                <div class="col-md-3 img-top ">
                    <a href="images/p7.jpg" class="b-link-stripe b-animate-go
swipebox" title="Image Title">
                        <img src="images/p7.jpg" class="img-responsive" alt="">
                        <div class="link-top">
                        <i class="link"></i>
                        </div>
                    </a>
                </div>
            </div>
        </div>
    </div>
```

图 5.23　作品集展示设置样式前

设置作品集展示样式,将图片按照导航元素进行分组隐藏,实现当点击导航元素时,出现与其所对应的图片组的效果。部分代码 CORE0521 如下。设置样式后效果如图 5.24 所示。

代码 CORE0521 作品集展示 CSS 代码

```css
/* 设置图片样式 */
.img-responsive{
    display: block;
    max-width: 100%;
    height: auto;
}
.resp-tabs-container {
    padding: 0px;
    background-color: #fff;
    clear: left;
}
.resp-tab-content {
    display: none;
}
.resp-content-active, .resp-accordion-active {
    display: block;
}
.tab_img{
    padding:1em 0em;
}
.img-top {
    position: relative;
}
.link-top{
    position: absolute;
top: 0%;
text-align: center;
width: 90%;
background: rgba(0, 0, 0, 0.49);
height: 100%;
padding: 5em 0 0;
display: none;
}
```

```
/* 设置图片下间距样式 */
i.link {
 background: url(../images/eye.png)no-repeat 0px 0px;
 width: 35px;
 height: 27px;
 display: inline-block;
}
.img-top:hover .link-top{
    display: block;
}
```

图 5.24　作品集展示设置样式后

设置作品集介绍 JS 代码 CORE0522 如下所示。

代码 CORE0522　作品集介绍 JS 代码

```
<script type="text/javascript">
  $(document).ready(function() {
    $('#horizontalTab').easyResponsiveTabs({
      type: 'default',
      width: 'auto',
      fit: true
    });
  });
</script>
```

至此,"健身 Show"运动分享界面制作完成。

本项目通过学习"健身 Show"运动分享界面,对 Bootstrap 相关的字体图标、栅格系统、下拉菜单和按钮组等知识具有初步的了解,并能够通过所学栅格系统的基本用法结合下拉菜单和按钮组做出"健身 Show"运动分享的响应式布局界面。

search	查询	rows	行
grid system	栅格系统	viewport	视窗
alignment	对齐	fluid	流体
margin	外边距	divider	分隔物
offset	列偏移	toolbar	工具栏

一、选择题

1. 固定布局是通过设置 class="(   )" 类实现。

A.row-fluid   B.col-md-push   C.col-md-offse   D.container

2. Bootstrap 中使用的字体图标是在(   )。

A.Glyphicon Halflings   B.Twitter

C.MARK OTTO   D.Jacob Thornton

3. 列排序在 Bootstrap 栅格系统中是通过添加类名"col-md-push-*"和(   )。

A.col-md-pull-*   B.col-md-offset-*   C.col-xs-4   D.col-sm-4

4. 通过添加包含(   )类的标签,可以在下拉菜单中插入一条分隔线。

A.row-fluid   B.dropup   C.disable   D.divider

5. 默认的按钮组排列方式是水平的,要想将一个按钮组进行垂直排列。只需要调用(   )样式即可。

A.btn-group-vertical   B.btn-group-line

C.btn-group- default   D.btn-group

二、填空题

1. 栅格系统中,行(row)必须包含在含有 _____ 或 _____ 的标签中。

2．使用列偏移,只需要在列元素上添加 class="_____"。

3．Bootstrap 提供两种布局方式：_____ 和 _____。

4．上拉菜单通过为下拉菜单设置 _____ 类,可以让菜单向上弹出,添加 _____ 类,可以禁止使用下拉菜单中的链接。

5．将多个 \<div class="btn-group"> 放入 _____ 中可以实现按钮工具条。

三、上机题

使用 Bootstrap 编写符合以下要求的网页。要求：用 Bootstrap 按钮、字体图标、下拉菜单等知识点实现下图效果。

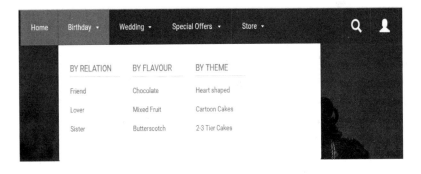

项目六 基于"健身 Show"后台管理主界面的实现

通过实现"健身 Show"后台管理主界面，了解如何在后台管理界面中使用弹出框和缩略图，学习 Bootstrap 折叠的样式及方法，掌握 Bootstrap 弹出框和缩略图的使用，具有使用 Bootstrap 自定义缩略图的能力。在任务实现过程中：

● 了解后台界面中弹出框和缩略图的使用。
● 掌握 Bootstrap 折叠的使用方法。
● 具有使用 Bootstrap 自定义缩略图的能力。

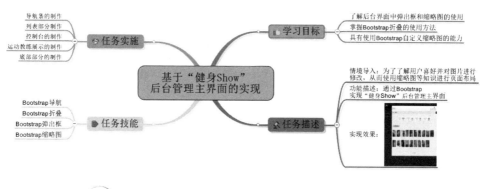

【情境导入】

健身项目是一个实时网站，需要后台进行数据整理，于是开发人员需要开发一个后台管理的网站。后台网站主要分为三个模块：首页、教练详细信息、人员信息统计。通过这些模块，方便后台工作者对数据进行修改。开发人员为了健身项目的后台工作者能快速浏览图片，使用缩略图等知识进行页面布局。通过了解用户喜好对图片进行修改。本项目主要通过实现"健身 Show"后台管理主界面学习 Bootstrap 缩略图的相关知识。

【功能描述】

本项目将实现"健身 Show"后台管理主界面。

● 使用路径导航实现导航栏信息显示。
● 使用折叠实现左边菜单的显示和隐藏。
● 使用缩略图实现教练图片的放大或缩小。
● 使用下拉列表设置子菜单的显示和隐藏。

【基本框架】

基本框架如图 6.1 所示。通过本项目的学习，能将框架图 6.1 转换成"健身 Show"后台管理主界面，效果如图 6.2 所示。

图 6.1　框架图

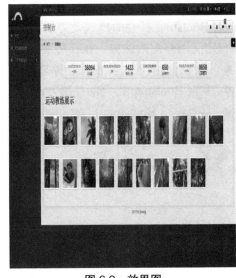

图 6.2　效果图

技能点 1　Bootstrap 导航

导航主要用于界面中栏目菜单和辅助菜单的设置，其作用是展现出整个网站的目录信息，为用户浏览界面提供提示信息，帮助用户快速找到需求内容。为了使界面更加美观、大方，

Bootstrap 提供了多种导航样式,Bootstrap 导航样式如表 6.1 所示。

表 6.1 Bootstrap 导航样式

属 性	说 明
.nav-tabs	标签页导航,每个 li 项显示为块级元素
.nav-pills	胶囊式导航,默认用于平级的选项列表,当前项高亮显示,并带有圆角
.nav-stacked	堆叠式导航,导航项不浮动,垂直显示
.dropdown	下拉菜单导航,在 li 中嵌套另一个 ul 列表
.nav-justified	自适应导航
.breadcrumb	路径导航(面包屑导航)

提示 为了减少用户在浏览网站时的麻烦,可以使用路径导航(面包屑导航)定位用户位置,减少用户返回上一级界面所需要的次数。

使用路径导航效果如图 6.3 所示。

图 6.3 路径导航效果示例

为了实现图 6.3 的效果,新建 CORE0601.html,代码如 CORE0601 所示。

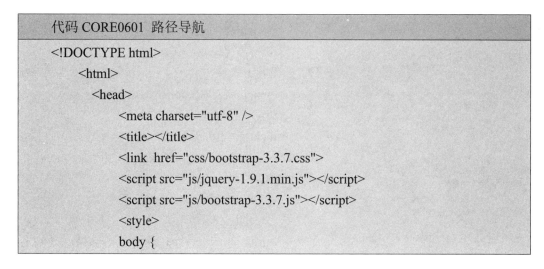

代码 CORE0601 路径导航

```html
<!DOCTYPE html>
    <html>
     <head>
        <meta charset="utf-8" />
        <title></title>
        <link  href="css/bootstrap-3.3.7.css">
        <script src="js/jquery-1.9.1.min.js"></script>
        <script src="js/bootstrap-3.3.7.js"></script>
        <style>
        body {
```

```
                    position: relative;
                    margin: 10px;
                        }
            ul.nav-pills {
                    position: fixed;
                        }
            </style>
    </head>
    <body>
        <div class="col-sm-10" style="left:100 ;">
            <ul class="breadcrumb">
                <li class="active">
                    <a href="page1.html"> 首页 </a>
                </li>
            </ul>
        </div>
        <div class="container">
            <div class="row">
                <nav class="col-sm-3" id="myScrollspy">
                    <ul class="nav nav-pills nav-stacked">
                        <li>
                            <a href="page1.html"> 首页 </a>
                        </li>
                        <li>
                            <a href="#section2"> 运动教练 </a>
                        </li>
                        <li>
                            <a href="#section3"> 运动计划 </a>
                        </li>
                        <li class="dropdown">
                        <a  class="dropdown-toggle"  data-toggle="dropdown"
href="#"> 运动分类 <span class="caret"></span></a>
                            <ul class="dropdown-menu">
                                <li>
                                    <a href="page4.html"> 分类一 </a>
                                </li>
                                <li>
                                    <a href="#section42"> 分类二 </a>
```

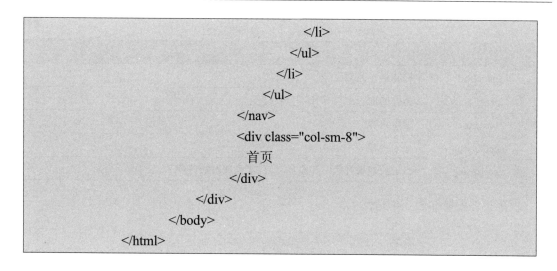

```
                              </li>
                            </ul>
                          </li>
                        </ul>
                      </nav>
                    <div class="col-sm-8">
                      首页
                    </div>
                  </div>
                </body>
              </html>
```

技能点 2　Bootstrap 折叠

折叠是网站中常见的插件之一,主要应用于下拉导航、内容隐藏等。该插件的优点是页面布局清晰、美观,方便用户浏览界面。实现折叠效果需要引入 jQuery 文件、collapse.js 和 Transition.js 插件或直接引用 bootstrap.js。

1　折叠样式

折叠将触发元素所对应的可折叠区域展开或隐藏显示,可以节省界面空间,使界面更加简洁、大方。通过向元素添加 data-toggle="collapse" 实现折叠效果,折叠属性如表 6.2 所示。

表 6.2　折叠属性

属　　性	描　　述
.data-toggle	默认值为 collapse,添加到展开或折叠的组件链接上
.data-target	添加到父组件,值为子组件的 id
.data-parent	把折叠的 id 添加到要展开或折叠的组件链接上

设置折叠效果所需样式如表 6.3 所示。

表 6.3　折叠所需样式

属　　性	描　　述
.panel	面板
.panel-group	面板组,包含多个 panel 元素
.panel-heading	标题容器

属　　性	描　　　　述
.panel-title	标题触发元素
.panel-body	折叠的内容主体部分
.callapse	隐藏内容
.callapse.in	显示内容
.callapsing	当过渡效果开始时被添加,当过渡完成时被移除

使用折叠效果如图 6.4 所示。

展开一

展开内容

展开二

展开三

图 6.4　折叠效果示例

为了实现图 6.4 的效果,新建 CORE0602.html,代码如 CORE0602 所示。

代码 CORE0602 折叠面板

```html
<!DOCTYPE html>
<html>
    <head>
        <meta charset="utf-8">
        <title></title>
        <link  href="css/bootstrap-3.3.7.css">
        <script src="js/jquery-1.9.1.min.js"></script>
        <script src="js/bootstrap-3.3.7.js"></script>
    </head>
    <body>
        <div class="panel-group" id="accordion">
            <div class="panel panel-default">
                <div class="panel-heading">
                    <h4 class="panel-title">
                    <!-- 对内容进行绑定,子组件的 id="collapseOne" 对应 -->
                    <a data-toggle="collapse" data-parent="#accordion" href="#collapseOne">
                        展开一
                    </a>
                    </h4>
```

```
            </div>
            <div id="collapseOne" class="panel-collapse collapse in">
              <div class="panel-body">
              展开内容
              </div>
            </div>
          </div>
          <!-- 内容省略 -->
        </div>
      </body>
    </html>
```

2 折叠方法

在使用折叠实现内容显示和隐藏时,除了设置折叠样式外,还可以通过相关 JavaScript 方法实现。实现折叠效果需设置 id="collapseOne" 折叠区域,利用 JavaScript 调用 collapse() 方法,代码如下所示。

```
$('#collapseOne').collapse()
```

使用折叠方法的相关元素如表 6.4 所示。

表 6.4 折叠方法的相关元素

元　素	说　明
options	把元素激活为可折叠元素
toggle	切换可折叠元素的状态
show	展开可折叠元素
hide	隐藏可折叠元素

使用折叠方法效果如图 6.5 所示。

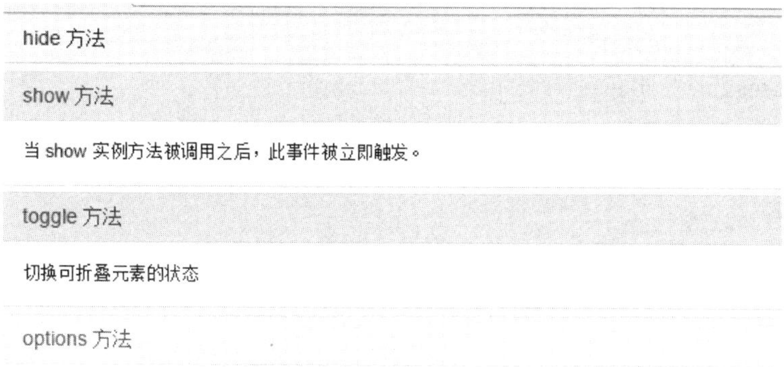

图 6.5 折叠方法示例

为了实现图 6.5 的效果，新建 CORE0603.html，代码如 CORE0603 所示。

代码 CORE0603　折叠方法

```html
<!DOCTYPE html>
<html>
    <meta charset="utf-8" />
    <head>
        <title></title>
        <link href="css/bootstrap-3.3.7.css" >
        <script src="js/jquery-1.9.1.min.js"></script>
        <script src="js/bootstrap-3.3.7.js"></script>
    </head>
    <body>
        <div class="panel-group" id="accordion">
            <div class="panel panel-default">
                <div class="panel-heading">
                    <h4 class="panel-title">
<a data-toggle="collapse" data-parent="#accordion"
 href="#collapseOne">hide 方法
</a>
</h4>
</div>
    <div id="collapseOne" class="panel-collapse collapse in">
<div class="panel-body">
当 hide 实例方法被调用之后，此事件被立即触发。
    </div>
    </div>
                </div>
                <div class="panel panel-success">
                    <div class="panel-heading">
    <h4 class="panel-title">
<a data-toggle="collapse" data-parent="#accordion"
            href="#collapseTwo">show 方法
</a>
                                </h4>
                </div>
                <div id="collapseTwo" class="panel-collapse collapse">
                    <div class="panel-body">
```

```
                                当show实例方法被调用之后,此事件被立即触发
                                </div>
                        </div>
                </div>
                <div class="panel panel-info">
                        <div class="panel-heading">
                                <h4 class="panel-title">
<a data-toggle="collapse" data-parent="#accordion"
        href="#collapseThree">toggle 方法
</a>
                                </h4>
                        </div>
                        <div id="collapseThree" class="panel-collapse collapse">
                                <div class="panel-body">
                                        切换可折叠元素的状态
                                </div>
                        </div>
                </div>
                <div class="panel panel-warning">
                        <div class="panel-heading">
                                <h4 class="panel-title">
                                        <a data-toggle="collapse" data-parent="#ac-
cordion"
        href="#collapseFour">options 方法
                                        </a>
                                </h4>
                        </div>
                        <div id="collapseFour" class="panel-collapse collapse">
                                <div class="panel-body">
                                        把元素激活为可折叠元素
                                </div>
                        </div>
                </div>
        </div>
        <script type="text/javascript">
                $(function() {
                        $('#collapseFour').collapse({
                                toggle: false
```

```
                                })
                            });
                    $(function() { $('#collapseTwo').collapse('show') });
                    $(function() { $('#collapseThree').collapse('toggle') });
                    $(function() { $('#collapseOne').collapse('hide') });
            </script>
        </body>
    </html>
```

3　折叠事件

　　折叠插件对外声明一组可监听的事件。通过 JavaScript 调用事件，可以设置触发事件后执行的内容，并且实现折叠显示与隐藏效果。折叠事件如表 6.5 所示。

表 6.5　事件

事　　件	说　　明
show.bs.collapse	当 show 实例方法被调用之后，此事件被立即触发
shown.bs.collapse	当可折叠页面元素显示出来之后（同时 CSS 过渡效果也已执行完毕），此事件被触发
hide.bs.collapse	当 hide 实例方法被调用之后，此事件被立即触发
hidden.bs.collapse	当可折叠页面元素向用户隐藏之后（同时 CSS 过渡效果也已执行完毕），此事件被触发

　　使用 show 事件实现效果如图 6.6 所示。

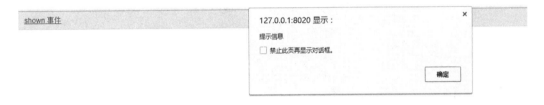

图 6.6　show 事件实现效果示例

　　为了实现图 6.6 的效果，新建 CORE0604.html，代码如 CORE0604 所示。

代码 CORE0604　show 事件

```
<!DOCTYPE html>
<html>
```

```
        <head>
                <meta charset="utf-8">
                <title></title>
                <link  href="css/bootstrap-3.3.7.css">
                <script src="js/jquery-1.9.1.min.js"></script>
                <script src="js/bootstrap-3.3.7.js"></script>
        </head>
        <body>
                <div class="panel-group" id="accordion">
                        <div class="panel panel-info">
                                <div class="panel-heading">
                                        <h4 class="panel-title">
                                                <a    data-toggle="collapse"   data-parent="#ac-
cordion"
    href="#collapseexample">show 事件
    </a>
    </h4>
    </div>
                                        <div id="collapseexample" class="panel-collapse collapse">
                                                <div class="panel-body">
                                                当 show 实例方法被调用之后,此事件被立即触发
                                                </div>
                                        </div>
                                </div>
                        </div>
                <script type="text/javascript">
                        $(function() {
                                $('#collapseexample').on('show.bs.collapse', function() {
                                        alert(' 提示信息 ');
                                })
                        });
                </script>
        </body>
</html>
```

提示　学会了使用折叠之后,你或许还不知道它的起源,扫描下方二维码,你会有意想不到的惊喜。

技能点 3　Bootstrap 弹出框

弹出框（Popover）是弹出关联框的扩展视图插件，一般情况下与按钮或超链接结合使用。通过 Bootstrap 数据 API（Bootstrap Data API）填充内容，实现点击事件时，向特定位置弹出内容。实现弹出框效果首先需要引入 jQuery 文件，然后引入依赖于工具提示（Tooltip）的 popover.js 文件或直接引用 bootstrap.js。

1　弹出框样式

弹出框（Popover）通过点击触发元素即可激活。弹出的样式多种多样，默认情况下是把弹出框放在它们的触发元素后面。实现弹出效果先通过添加 data-toggle="pop-over" 属性，然后使用 jQuery 插件激活启用弹出框，弹出属性如表 6.6 所示。

表 6.6　弹出框属性

属性名称	类　　型	描　　述
data-animation	boolean 默认值：true	向弹出框应用 CSS 淡入淡出过渡效果
data-html	boolean 默认值：false	HTML 作为弹出框的提示语。如果为 false，jQuery 的 text 方法将 HTML 转换为文本作为提示语
data-selector	string 默认值：false	如果申明了 selector，在触发 selector 下才会显示弹出框
data-title	string /function	如果未指定 title 属性，则 title 选项是默认的 title 值
data-content	string /function	弹出框弹出的主体内容
data-trigger	string 默认值：hover focus	定义触发的方式：click、hover、focus 、manual（手动），可以传递多个触发器，每个触发器之间用空格分隔
data-container	string 默认值：false	向特定元素追加弹出框。实例：container: 'body'
data-placement	string/function 默认值：top	规定弹出框的位置（即 top、bottom、left、right、auto）当指定为 auto 时，会动态调整弹出框
data-original-trigger	string/ function	提示语的内容
data-delay	number/object 默认值：0	延迟多久才显示或关闭 popover（毫秒），不适用于 manual 触发器

使用 jQuery 激活启用弹出框。代码如下所示。

```
$(function (){ $("[data-toggle='popover']").popover(); });
```

使用弹出框效果如图 6.7 所示。

图 6.7　弹出框效果示例

为了实现图 6.7 的效果，新建 CORE0605.html，代码如 CORE0605 所示。

代码 CORE0605　弹出框

```
<!DOCTYPE html>
<html>
    <head>
            <meta charset="utf-8">
            <title></title>
            <link  href="css/bootstrap-3.3.7.css">
            <script src="js/jquery-1.9.1.min.js"></script>
            <script src="js/bootstrap-3.3.7.js"></script>
    </head>
    <body>
            <div class="container" style="padding: 100px 50px 10px;">
                    <button type="button" class="btn btn-default" title=" 左侧标题 "
data-container="body" data-toggle="popover"
data-placement="left" data-content=" 左侧的内容 "> 左侧
        </button>
                    <button type="button" class="btn btn-primary" title=" 顶部标题 "
data-container="body" data-toggle="popover"
data-placement="top" data-content=" 顶部的内容 "> 顶部
        </button>
                    <button type="button" class="btn btn-success" title=" 底部标题 "
data-container="body" data-toggle="popover"
data-placement="bottom" data-content=" 底部的内容 "> 底部
        </button>
                    <button type="button" class="btn btn-warning" title=" 右侧标题 "
data-container="body" data-toggle="popover"
data-placement="right" data-content=" 右侧的内容 "> 右侧
</button>
                    </div>
```

```
        <script>
            $(function() {
                $("[data-toggle='popover']").popover();
            });
        </script>
    </body>
    </html>
```

2 弹出框方法

在使用弹出框时，除了以上设置折叠样式外，实现弹出框效果还可以通过设置 id="identifier" 弹出框显示区域，利用 JavaScript 调用 popover() 方法，代码如下所示。

```
$('#identifier').popover(options)
```

使用弹出框方法的相关事件如表 6.7 所示。

表 6.7 弹出框事件

事　　件	说　　明
options	设置向元素集合附加弹出框匹配的参数
show	设置显示元素的弹出框
hide	设置隐藏元素的弹出框
toggle	设置切换显示 / 隐藏元素的弹出框
destroy	设置隐藏并销毁弹出框的元素

使用弹出框方法效果如图 6.8 所示。

图 6.8 弹出框方法效果示例

为了实现图 6.8 的效果，新建 CORE0606.html，代码如 CORE0606 所示。

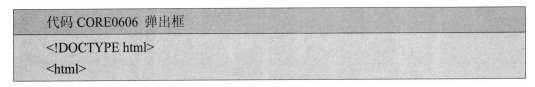

代码 CORE0606 弹出框

```
<!DOCTYPE html>
<html>
```

```
<head>
    <meta charset="utf-8">
    <title></title>
    <link href="css/bootstrap-3.3.7.css">
    <script src="js/jquery-1.9.1.min.js"></script>
    <script src="js/bootstrap-3.3.7.js"></script>
</head>
<body>
<div class="container" style="padding: 100px 50px 10px;" >
    <!-- 显示元素的弹出框 -->
    <button type="button" class="btn btn-default popover-show"
                title="Popover title" data-container="body"
                data-toggle="popover" data-placement="left"
                data-content=" 左侧的内容 "> 左侧 </button>
    <!-- 隐藏元素的弹出框 -->
    <button type="button" class="btn btn-primary popover-hide"
                title="Popover title" data-container="body"
                data-toggle="popover" data-placement="top"
            data-content=" 顶部的内容 "> 顶部 </button>
            <!-- 隐藏并销毁弹出框的元素 -->
    <button type="button" class="btn btn-success popover-destroy"
                title="Popover title" data-container="body"
                data-toggle="popover" data-placement="bottom"
                data-content=" 底部的内容 "> 底部 </button>
    <!-- 切换显示 / 隐藏元素的弹出框 -->
    <button type="button" class="btn btn-warning popover-toggle"
                title="Popover title" data-container="body"
                data-toggle="popover" data-placement="right"
                data-content=" 右侧的内容 "> 右侧 </button>
    <script>
            $(function () { $('.popover-show').popover('show');});
            $(function () { $('.popover-hide').popover('hide');});
            $(function () { $('.popover-destroy').popover('destroy');});
            $(function () { $('.popover-toggle').popover('toggle');});
    </script>
</div>
</body>
</html>
```

3 弹出框事件

在使用弹出框插件时，可以通过 JavaScript 形式触发。弹出框插件中经常要用到的事件，分别是弹出框的弹出前、弹出后、关闭前、关闭后。解释和用法如表 6.8 所示。

表 6.8   事件

事 件	说 明
show.bs.popover	当调用 show 方法时立即触发
shown.bs.popover	当弹出框完全显示给用户时触发该事件（等待 CSS 过渡效果完成）
hide.bs.popover	当调用 hide 方法时立即触发
hidden.bs.popover	当工具提示完全隐藏后触发（等待 CSS 过渡效果完成）

使用弹出框事件效果如图 6.9 所示。

图 6.9   弹出框事件

为了实现图 6.9 的效果，新建 CORE0607.html，代码如 CORE0607 所示。

代码 CORE0607 弹出框

```
<!DOCTYPE html>
<html>
<head>
    <meta charset="utf-8">
    <title></title>
    <link href="css/bootstrap-3.3.7.css">
    <script src="js/jquery-1.9.1.min.js"></script>
    <script src="js/bootstrap-3.3.7.js"></script>
</head>
<body>
<div clas="container" style="padding: 100px 50px 10px;" >
    <button type="button" class="btn btn-primary popover-show"
                title=" 左侧标题 " data-container="body"
```
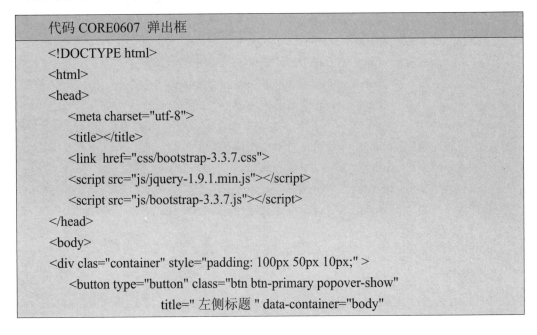

```
                    data-toggle="popover"
                    data-content=" 左侧的内容 "> 左侧 </button>
</div>
<script>
    $(function () { $('.popover-show').popover('show');});
    $(function () { $('.popover-show').on('shown.bs.popover', function () {
//  执行动作
alert(" 消息 ");
    })});
</script>
</body>
</html>
```

技能点 4　Bootstrap 缩略图

缩略图是界面中经压缩方式处理后的图片,包含完整大小图片的超链接,主要应用于图片、文字、视频网格结构展示。其优点是节省界面布局,使用户可以快速的找到需要图片,减少用户查询时间。实现缩略图效果,需要设置图像添加带有 class="thumbnail" 的 <a> 标签,使图片添加内边距(padding)和一个灰色的边框,添加内容时需将 <a> 标签替换成 <div> 标签。使用缩略图效果如图 6.10 所示。

（a）

（b）

图 6.10　缩略图效果示例

为了实现图 6.10 的效果，新建 CORE0608.html，代码如 CORE0608 所示。

代码 CORE0608 缩略图

```
<!DOCTYPE html>
<html>
    <head>
        <title></title>
        <meta charset="UTF-8" />
        <link href="css/bootstrap-3.3.7.css" />
        <link href=' css/colorbox.css' rel=' stylesheet' >
    </head>
    <body>
        <div class="row-fluid sortable">
            <div class="box span12">
                <div class="box-content">
                    <ul class="thumbnails gallery">
                        <li id="image-1" class="thumbnail">
                            <a style="background:url(img/1.jpg)" title="Sample
Image 1" href="img /1.jpg">
                                <img class="grayscale" src="img/1.jpg" alt="Sample Image 1">
                                </a>
                            </li>
                        <li id="image-2" class="thumbnail">
    <a style="background:url(img/2.jpg)"    title="Sample Image 2" href="img/gallery/2.jpg">
                                <img class="grayscale" src="img/2.jpg" al-
t="Sample Image 2"></a>
                                </li>
                        <li id="image-3" class="thumbnail">
                            <a style="background:url(img/3.jpg)"    ti-
tle="Sample Image 3" href="img/gallery/3.jpg">
                                <img class="grayscale" src="img/3.jpg" al-
t="Sample Image 3">
                                </a>
                            </li>
                        <li id="image-4" class="thumbnail">
    <a style="background:url(img/4.jpg)" title="Sample Image 4" href="img/gallery/4.jpg">
                                <img class="grayscale" src="img/4.jpg" al-
t="Sample Image 4"></a>
```

```
                    </li>
                  </ul>
                </div>
              </div>
            </div>
        </body>
    </html>
```

设置缩略图样式。部分代码如 CORE0609 所示。

代码 CORE0609　缩略图 CSS 代码

```
.thumbnail{
    background-color:white;
    z-index:2;
    position:relative;
    margin-bottom:40px !important;
}
.thumbnails > li{
    margin-left:15px;
}
.thumbnail img,.thumbnail > a{
    z-index:2;
    height:100px;
    width:100px;
    position:relative;
    display: block;
}
img.grayscale{
    -webkit-filter: grayscale(1);
    -webkit-filter: grayscale(100%);
    -moz-filter: grayscale(100%);
    -ms-filter: grayscale(100%);
    -o-filter: grayscale(100%);
}
.thumbnail .gallery-controls{
    position:absolute;
    z-index:1;
    margin-top:-30px;
```

```
    height:22px;
    min-height:22px;
    width:80px;
    padding:9px;
}
.thumbnail .gallery-controls p{
    display:block;
    margin:auto;
    width:100%;
    }
.thumbnail .gallery-controls p a{
    width:10%;
    }
```

　　　　提示　你是否还在雄心壮志？怀才不遇？满腹牢骚？扫描下方二维码，了解蚯蚓的目标轨迹，看看它的壮志凌云！

通过下面七个步骤的操作，实现图 6.2 所示的基于"健身 Show"后台管理主界面的效果。
第一步：打开 Sublime Text 2 软件，如图 6.11 所示。

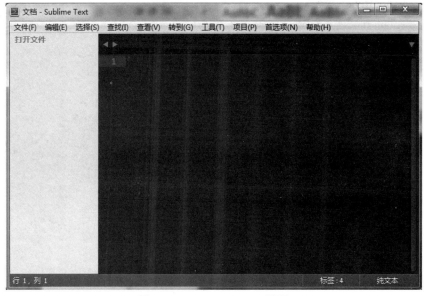

图 6.11　Sublime Text 2 界面

第二步：点击创建并保存为 CORE0610.html 文件，并通过外联方式导入 CSS 文件和 JS 文件。如图 6.12 所示。

图 6.12　导入 CSS 和 JS

第三步：导航条的制作。

导航条采用无序列表和表单制作。通过 <i> 标签插入字体图标，使用 Bootstrap 设置按钮样式。部分代码 CORE0611 如下。设置样式前效果如图 6.13 所示。

代码 CORE0611　导航条部分

```
<div id="header">
    <h1><a href="##"> 健身管理系统 </a></h1>
</div>
<!-- 输入框开始 -->
<div id="search">
    <input type="text" placeholder=" 请输入搜索内容 ..." />
    <button type="submit" class="tip-right" title="Search">
        <i class="icon-search icon-white"></i>
    </button>
</div>
<!-- 输入框结束 -->
<!-- 导航条开始 -->
<div id="user-nav" class="navbar navbar-inverse">
    <ul class="nav btn-group">
        <li class="btn btn-inverse">
            <a title="" href="#"><i class="icon icon-user"></i>
            <span class="text"> 个人资料 </span>
```

```
                                                    </a>
                                </li>
                                <li class="btn btn-inverse dropdown" id="menu-messages">
                                        <a href="#" data-toggle="dropdown"
                                                data-target="#menu-messages" class="dropdown-toggle">
                                                <i class="icon icon-envelope"></i>
                                                <span class="text"> 消息 </span>
                                                <span class="label label-important">5</span>
                                                <b class="caret"></b>
                                        </a>
                                        <ul class="dropdown-menu">
                                                <li>
                                                        <a class="sAdd" title="" href="#"> 新消息 </a>
                                                </li>
                                                <li>
                                                        <a class="sInbox" title="" href="#"> 收件箱 </a>
                                                </li>
                                                <li>
                                                        <a class="sOutbox" title="" href="#"> 发件箱 </a>
                                                </li>
                                                <li>
                                                        <a class="sTrash" title="" href="#"> 发送 </a>
                                                </li>
                                        </ul>
                                </li>
                                <li class="btn btn-inverse">
                                        <a title="" href="#">
                                                <i class="icon icon-cog"></i>
                                                <span class="text"> 设置 </span>
                                        </a>
                                </li>
                                <li class="btn btn-inverse">
                                        <a title="" href="login.html">
                                                <i class="icon icon-share-alt"></i>
                                                <span class="text"> 退出 </span>
                                        </a>
                                </li>
                        </ul>
```

```
<!-- 导航条结束 -->
</div>
```

图 6.13　导航条设置样式前

　　设置导航条样式,在头部插入 logo,将 logo、输入框、导航条水平显示。设置后台管理主界面的背景颜色。部分代码 CORE0612 如下。设置样式后效果如图 6.14 所示。

代码 CORE0612 导航条 CSS 代码

```css
#header {
    height: 77px;
    position: relative;
    width: 100%;
    z-index: -9;
}
/* 设置输入框样式 */
#search {
    position: absolute;
    z-index: 25;
    top: 6px;
    left: 230px;
}
#search button i {
    opacity: 0.5;
}
#search input[type=text], #search button {
    background-color: #222222;
}
unicorn.main.css:48
#search input[type=text] {
    border-radius: 4px 0 0 4px;
```

```
    padding: 4px 10px 5px;
    border: 0;
    box-shadow: 2px 2px 3px rgba(0,0,0,0.7) inset, 0 1px 0 rgba(255,255,255,0.2);
    width: 100px;
}
/* 设置导航条样式 */
#user-nav > ul > li > a {
    padding: 5px 10px;
    /* display: block; */
    font-size: 10px;
}
#user-nav > ul > li > a > i, #sidebar li a i {
    vertical-align: top;
    background-image: url(../img/glyphicons-halflings-white.png);
    opacity: .5;
    margin-top: 2px;
}
```

图 6.14　导航条设置样式后

第四步：列表部分制作。

列表部分由无序列表和字体图标组成，通过 <a> 标签插入链接。部分代码 CORE0613 如下。设置样式前效果如图 6.15 所示。

代码 CORE0613　列表部分制作

```
<ul>
    <li class="active">
            <a href="index.html"><i class="icon icon-home"></i><span> 首页 </span></a>
    </li>
```

```
        <li>
                <a href="tables.html"><i class="icon icon-th"></i><span> 教练详细信息
</span></a>
        </li>
        <li class="submenu">
                <a href="#"><i class="icon icon-file"></i><span> 人员信息统计 </span>
                        <span class="label">3</span></a>
                <ul>
                        <li class="active">
                                <a href="charts1.html"> 学习人数 </a>
                        </li>
                        <li>
                                <a href="charts1.html"> 收入统计 </a>
                        </li>
                        <li>
                                <a href="charts1.html"> 运动分类统计 </a>
                        </li>
                </ul>
        </li>
    </ul>
```

图 6.15 列表部分设置样式前

设置列表部分样式,修改字体图标颜色与背景颜色相匹配,设置列表元素的字体样式及列表元素的位置变化。部分代码 CORE0614 如下。设置样式后效果如图 6.16 所示。

代码 CORE0614 列表部分 CSS 代码
/* 设置图标与字体间距样式 */ #sidebar > ul > li > a > i {

```css
    margin-right: 10px;
}
/* 设置图标样式 */
#user-nav > ul > li > a > i, #sidebar li a i {
    vertical-align: top;
    background-image: url(../img/glyphicons-halflings-white.png);
    opacity: .5;
    margin-top: 2px;
}
#sidebar > ul > li > a > .label {
    background-color: #333333;
}
#sidebar > ul > li > a > .label {
    margin: 0 20px 0 0;
    float: right;
    padding: 3px 5px 2px;
    box-shadow: 0 1px 2px rgba(0,0,0,0.5) inset, 0 1px 0 rgba(255,255,255,0.2);
}
#sidebar > ul > li.active > a {
background: url(../img/menu-active.png) no-repeat scroll right center
 transparent !important;
}
/* 设置列表样式 */
#sidebar > ul {
    border-top: 1px solid #393939;
    border-bottom: 1px solid #4E4E4E;
    list-style: none;
    margin: 10px 0 0;
    padding: 0;
    position: absolute;
    width: 220px;
}]
#sidebar > ul > li > a {
    padding: 10px 0 10px 15px;
    display: block;
    color: #AAAAAA;
}
```

图 6.16　列表部分设置样式后

第五步：控制台的制作。

控制台标题由 <h1> 标签设置，使用 <a> 标签添加按钮组，在按钮里用 <i> 标签插入字体图标，通过 id="breadcrumb" 设置路径导航。代码 CORE0615 如下。设置样式前效果如图 6.17 所示。

代码 CORE0615　控制台部分

```
<div id="content-header">
    <h1> 控制台 </h1>
<!-- 按钮组开始 -->
    <div class="btn-group">
        <a class="btn btn-large tip-bottom" title="Manage Files">
            <i class="icon-file"></i>
        </a>
        <a class="btn btn-large tip-bottom" title="Manage Users">
            <i class="icon-user"></i>
        </a>
        <a class="btn btn-large tip-bottom" title="Manage Comments">
            <i class="icon-comment"></i>
            <span class="label label-important">5</span>
        </a>
        <a class="btn btn-large tip-bottom" title="Manage Orders">
            <i class="icon-shopping-cart"></i>
        </a>
    </div>
<!-- 按钮组结束 -->
</div>
<!-- 路径导航开始 -->
<div id="breadcrumb">
    <a href="#" title="Go to Home" class="tip-bottom">
        <i class="icon-home"></i> 首页
```

```
        </a>
        <a href="#" class="current"> 控制台 </a>
    </div>
    <!-- 路径导航结束 -->
    <div class="container-fluid">
        <div class="row-fluid">
            <div class="span12 center" style="text-align: center;">
                <ul class="stat-boxes">
                    <li>
                        <div class="left peity_bar_good">
                            <span>2,4,9,7,12,10,12</span>+20%
                        </div>
                        <div class="right">
                            <strong>36094</strong> 访问量
                        </div>
                    </li>
                    <!-- 部分代码省略 -->
                </ul>
            </div>
        </div>
    </div>
```

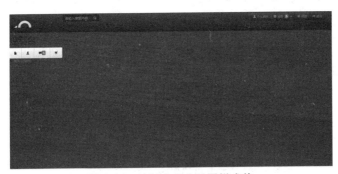

图 6.17 控制台部分设置样式前

设置控制台部分样式，使控制台部分在右侧显示，设置背景为白色，修改字体与字体图标样式，将统计信息成块级显示。部分代码 CORE0616 如下。设置样式后效果如图 6.18 所示。

代码 CORE0616 控制台部分 CSS 代码
| ```
#content-header h1, #content-header .btn-group {
    margin-top: 20px;
}
``` |
```

```css
/* 设置字体样式 */
#content-header h1 {
    color: #555555;
    font-size: 28px;
    font-weight: normal;
    float: left;
    text-shadow: 0 1px 0 #ffffff;
    margin-left: 20px;
    position: absolute;
}
/* 设置统计信息样式 */
.stat-boxes .peity_bar_good, .stat-boxes .peity_line_good {
    color: #459D1C;
}
.stat-boxes .left {
    border-right: 1px solid #DCDCDC;
    box-shadow: 1px 0 0 0 #FFFFFF;
    margin-right: 12px;
    padding: 10px 14px 6px 4px;
    font-size: 10px;
    font-weight: bold;
}
.stat-boxes .right {
    font-size: 12px;
    padding: 9px 10px 7px 0;
    text-align: center;
    width: 70px;
    color: #666666;
}
.stat-boxes .left, .stat-boxes .right {
    text-shadow: 0 1px 0 #ffffff;
    float: left;
}
/* 设置按钮样式 */
#content-header .btn-group .btn {
    padding: 11px 14px 9px;
}
/* 设置路径导航样式 */
```

```
#breadcrumb {
    background-color: #e5e5e5;
    box-shadow: 0 0 1px #ffffff;
    border-top: 1px solid #d6d6d6;
    border-bottom: 1px solid #d6d6d6;
    padding-left: 10px;
}
```

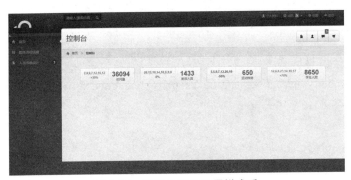

图 6.18　控制台部分设置样式后

第六步：后台管理主要内容展示的制作。

后台管理主要内容展示主要由缩略图制作，通过 class="thumbnail" 给图片添加内边距和边框。部分代码 CORE0617 如下。设置样式前效果如图 6.19 所示。

代码 CORE0617　后台管理主要内容展示部分

```
<div class="row-fluid sortable">
    <div class="box span12">
        <div class="box-content">
            <h2 class="center"> 运动教练展示 </h2>
            <ul class="thumbnails gallery">
                <li id="image-1" class="thumbnail">
                    <a  style="background:url(img/1.jpg)"  title="Sample  Image  1"
href="img /1.jpg">
                        <img class="grayscale" src="img/1.jpg"
alt="Sample Image 1"></a>
                </li>
                <!-- 部分代码省略 -->
            </ul>
        </div>
    </div>
</div>
```

图 6.19　后台管理主展示设置样式前

　　设置后台管理主要内容展示样式,将图片设置成灰白效果。当鼠标移动到图片上显示颜色,弹出修改按钮可以进行修改。通过点击缩略图弹出放大后的图片并能左右切换。部分代码 CORE0618 如下。设置样式后效果如图 6.20 所示。

代码 CORE0618　后台管理主要内容展示 CSS 代码

```css
/* 设置图片灰白样式 */
img.grayscale {
    -webkit-filter: grayscale(1);
    -webkit-filter: grayscale(100%);
    -moz-filter: grayscale(100%);
    -ms-filter: grayscale(100%);
    -o-filter: grayscale(100%);
}
/* 设置图片距离样式 */
.thumbnails > li {
    margin-left: 15px;
}
#cboxPrevious {
    left: 0px;
    background-position: -51px -25px;
}
/* 设置字体样式 */
#cboxTitle {
    position: absolute;
    bottom: -25px;
    left: 0;
    text-align: center;
```

```
    width: 100%;
    font-weight: bold;
    color: #7C7C7C;
    }
.box-content{
padding:10px;
    }
```

图 6.20　后台管理主要内容展示设置样式后

第七步：底部部分的制作。

底部主要为版权信息制作，代码 CORE0619 如下。

代码 CORE0619　版权信息制作

```
<div class="row-fluid">
<div id="footer" class="span12">
版权 @ 2017 滨海迅腾科技集团
</div>
</div>
```

设置版权信息样式，为了界面的美观，设置版权信息的背景颜色以及字体样式，并将版权信息居中显示。部分代码 CORE0620 如下。效果如图 6.21 所示。

代码 CORE0620　版权信息 CSS 代码

```
#footer {
    padding-top:10px ;
```

```
        vertical-align: middle;
        text-align: center;
        color:white;
        background-color: #333333;
        height: 50px;
    }
```

图 6.21　版权信息

至此，"健身 Show"后台管理主界面制作完成。

本项目通过学习"健身 Show"后台管理主界面，对 Bootstrap 中路径导航、折叠、弹出框、缩略图等相关知识具有初步的了解，并能够熟练的使用 Bootstrap 弹出框和缩略图实现"健身 Show"教练信息的展示。

breadcrumb	面包屑	accordion	手风琴
popovers	弹窗	target	目标
collapse	折叠	selector	选择器
toggle	切换	options	选项
panels	面板	placement	放置

一、选择题

1. 要实现折叠效果需要引入插件,不需要引用以下哪种插件（　　　）。

A.collapse.js　　　　　B.bootstrap.js　　　　　C.jQuery.js　　　　　D.popover.js

2. 折叠面板组是（　　　）包含多个 panel 元素。

A. panel-title　　　　B.panel-body　　　　　C.panel-group　　　　D.panel-heading

3. 折叠插件通过（　　　）类来隐藏内容。

A.collapsing　　　　B.collapse.in　　　　　C.collapse　　　　　D.toggle

4. 弹出提示插件（　　　）方法向元素集合附加弹出框匹配的参数。

A.popover('show')　　B.popover('options')　　C.popover('toggle')　　D.popover('destroy')

5. 使用 Bootstrap 创建缩略图首先给图像周围添加（　　　）属性,当鼠标悬停在图像上时,会动画显示出图像的轮廓。

A.options　　　　　B.popover　　　　　C.collapse　　　　　D.thumbnail

二、填空题

1. Bootstrap 中的路径导航是 ＿＿＿＿＿＿＿ 的无序列表,为 <nav> 元素添加 class="breadcrumb" 也可实现。

2. 要实现折叠效果,可以先声明一个 ＿＿＿＿＿＿＿ 再声明一个折叠区域。

3. 实现折叠效果,通过添加 ＿＿＿＿＿＿＿ 属性到折叠的元素上。

4. 弹出框（Popover）的实现只需向一个标签添加 ＿＿＿＿＿＿＿ 即可。标签的 title 即为弹出框的文本,＿＿＿＿＿＿＿ 显示弹出的内容。

5. 有以下两种方式添加弹出框（Popover）:＿＿＿＿＿＿＿ 、＿＿＿＿＿＿＿ 。

三、上机题

使用 Bootstrap 编写符合以下要求的网页。要求:用 Bootstrap 缩略图、按钮等知识点实现下图效果。

这里是图文标题3333　　　　　这里是图文标题4444

这里是描述内容3333这里是描述内容3333
这里是描述内容3333这里是描述内容222
这里是描述内容3333

这里是描述内容4444这里是描述内容4444
这里是描述内容4444这里是描述内容4444
这里是描述内容4444

项目七　基于"健身 Show" 教练详细信息界面的实现

通过实现"健身 Show"教练详细信息界面，了解日期选择器和时间选择器在界面如何使用，掌握 Bootstrap 分页、模态框的样式设置，学习日期选择器、时间选择器的使用，具有使用 Bootstrap 分页制作分页效果能力。在任务实现过程中：

- 了解日期选择器和时间选择器在界面如何使用。
- 掌握 Bootstrap 分页、模态框的样式设置。
- 掌握日期选择器、时间选择器的使用。
- 具有使用 Bootstrap 分页制作分页效果能力。

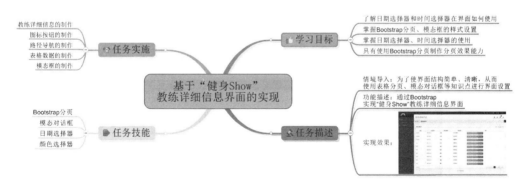

🏋️ **【情境导入】**

为了使界面结构简单、清晰，健身项目开发人员使用表格分页方式对数据进行处理，便于后台工作者对教练信息的查找,对健身项目中所有运动教练进行信息修改。为了实现数据的添加和删除,健身项目的开发人员给大家介绍 Bootstrap 的模态对话框。本项目主要是通过实现"健身 Show"教练详细信息界面来学习 Bootstrap 选择器的相关知识。

【功能描述】

本项目将实现"健身 Show"教练详情信息界面。

- 使用 Bootstrap 分页显示多条数据。
- 使用模态框实现对教练详细信息的修改。
- 使用日期选择器填写出生日期。
- 使用颜色选择器对颜色进行修改。

【基本框架】

基本框架如图 7.1 所示。通过本项目的学习,能将框架图 7.1 转换成"健身 Show"教练详细信息界面效果如图 7.2。

| | 个人资料 | 消息 | 设置 | 退出 |

首页	教练详细信息				
教练详情信息	首页>教练详细信息				
人员信息统计	教练详细信息				
	姓名	出生日期	喜欢颜色	职业职称	操作
	David R	1987/03/01	红色	健美操教练	

2017 © tjbhxtgj

图 7.1　框架图

图 7.2　效果图

技能点 1　Bootstrap 分页

当将大量网站信息放在同一界面时,会对用户造成视觉疲劳,为了解决这一难题,Bootstrap 设计了分页组件,主要用来将大量信息有层次地显示,给用户带来良好的视觉体验,主要优势是容易点击,界面美观,支持响应式布局。

1　Bootstrap 分页样式

在实现分页时,只需要在 <ul> 标签上添加 class="pagination"。设置分页样式属性值如表 7.1 示。

表 7.1　分页样式属性值

属性值	描　　述
pagination	在页面上显示分页
pagination-lg	比默认分页效果稍大
pagination-sm	比默认分页效果稍小
disabled	定义不可点击的链接
active	指定当前的页面

使用 Bootstrap 分页效果如图 7.3 所示。

« | 1 | 2 | 3 | 4 | 5 | 6 | 7 | »

图 7.3　分页效果示例

为了实现图 7.3 的效果,新建 CORE0701.html,代码如 CORE0701 所示。

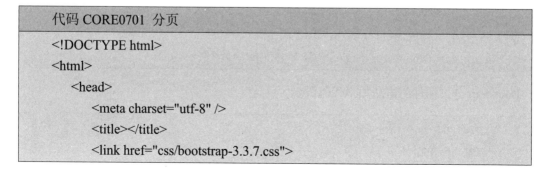

代码 CORE0701　分页

```
<!DOCTYPE html>
<html>
    <head>
        <meta charset="utf-8" />
        <title></title>
        <link href="css/bootstrap-3.3.7.css">
```

```
            <script src="js/bootstrap-3.3.7.js"></script>
        </head>
        <body>
            <nav aria-label="Page navigation">
                <ul class="pagination pagination-lg">
                    <li>
                        <a href="#" aria-label="Previous">
                            <span aria-hidden="true">&laquo;</span>
                        </a>
                    </li>
                    <li>
                        <a href="#">1</a>
                    </li>
                    <!-- 省略部分代码 -->
                    <li>
                        <a href="#" aria-label="Next">
                            <span aria-hidden="true">&raquo;</span>
                        </a>
                    </li>
                </ul>
            </nav>
        </body>
    </html>
```

2   Bootstrap 分页插件

Bootstrap 框架中不仅提供了分页的样式，还提供了一款支持 Bootstrap 的 JS 分页插件 bootstrap-paginator.js，该插件的主要用途是可以随时改变插件状态，用来监听用户的动作。

在使用 Bootstrap 分页插件时需要下载相对应的 JS 文件，与使用 Bootstrap 内置插件时下载 bootstrap.js 文件一样。需要注意该插件需要使用的 jQuery 文件为 1.8 版本以上。

```
<link href="css/bootstrap-3.3.7.css">
<script src="js/jquery-1.9.1.min.js"></script>
<script src="js/bootstrap-paginator.js"></script>
```

Bootstrap 分页插件的语法如下代码所示。

```
<script type="text/javascript">
    var options = {
```

```
            // 当前页数
            currentPage: 3,
            // 总共页数
            totalPages: 10,
            // 链接地址
            pageUrl: function(type, page, current){
                return page;
            }
        }
        $('#example').bootstrapPaginator(options);
    </script>
```

任何插件都需要有相应的参数和方法作为支撑,Bootstrap 分页插件也不例外,分页插件的常用参数如表 7.2 所示。

表 7.2　分页插件常用参数

参数名	默认值	描　述
size	normal	设置控件的显示大小
alignment	left	设置控件的对齐方式
itemContainerClass		该参数接收一个函数,返回一个字符串
currentPage	1	设置当前页
numberOfPages	5	设置控件显示的页码数
totalPages		设置总页数
pageUrl	1	设置超链接的链接地址

Bootstrap Paginator 提供了两个点击事件:page-clicked 和 page-changed,具体使用如表 7.3 所示。

表 7.3　分页插件事件

事件名	回调函数	描　述
page-clicked	function (event,originalEvent,type,page)	为操作按钮绑定 click 事件。回调函数的参数: event、originalEvent、type、page
page-changed	function (event,oldPage,newPage)	为操作按钮绑定页码改变事件,回调函数的参数: event、oldPage、nawPage

使用 Bootstrap 分页插件效果如图 7.4 所示。

图 7.4　Bootstrap 分页插件效果示例

为了实现图 7.4 的效果，新建 CORE0702.html，代码如 CORE0702 所示。

代码 CORE0702 分页

```html
<!DOCTYPE html>
<html lang="en">
<head>
<meta charset="UTF-8">
<link href="css/bootstrap-3.3.7.css">
<script src="js/bootstrap-3.3.7.js"></script>
<script src="js/bootstrap-paginator.js"></script>
</head>
<body>
<div id="example" style="text-align: center"><ul id="pageLimit"></ul></div>
<script type="text/javascript">
    $('#pageLimit').bootstrapPaginator({
    currentPage: 1,
    totalPages: 10,
    size:"normal",
    bootstrapMajorVersion: 3,
    alignment:"right",
    numberOfPages:5,
    itemTexts: function (type, page, current) {
        switch (type) {
        case "first": return " 首页 ";
        case "prev": return " 上一页 ";
        case "next": return " 下一页 ";
        case "last": return " 末页 ";
        case "page": return page;
        }
    }
    });
</script>
</body>
</html>
```

提示 想要了解更多分页组件的相关案例，扫描图中二维码，查看更多美观、大方的分页在不同网站中的应用。快来扫我吧！

技能点 2　模态对话框

模态框以弹出对话框的形式出现,可以提高用户的体验度。模态框的使用依赖于 jQuery 插件,它是覆盖在父窗体上的子窗体。模态框不支持多个模态框重叠使用,设置时需要将模态框的代码放在最高层级内,避免其他组件影响模态框的功能。

1　模态框样式

使用模态框时,需要引入 modal.js 文件或 bootstrap.js 文件,必须在引用模态框插件文件前引用 jQuery 插件。要实现模态框效果,需要在控制器元素(比如按钮或者链接)上设置两个属性,即 data-toggle 和 data-target。模态框属性如表 7.4 所示。

表 7.4　模态框属性

属　　性	描　　述
data-toggle	设置模态框切换状态
data-target	设置指定切换到哪个模态框
data-backdrop	可选属性设置定义模态框的背景遮板类型: true 为有遮板效果(显示阴影),false 没有遮板效果, static 为定义点击模态框背景的遮板效果,不会关闭模态框

模态框不仅包含自己的参数,还包含多个组件,比如按 Esc 键时是否关闭弹窗等。如表 7.5 所示。

表 7.5　Bootstrap 模态框组件的选项

属性名称	类　　型	描　　述
backdrop	Boolean	设置一个静态的背景,如果为 true,则单击背景时关闭弹窗,否则就不关闭
keyboard	Boolean	设置按下 escape 键时关闭模态框,设置为 false 时则不关闭弹窗
show	Boolean	设置判断当初始化时是否显示模态框
remote	path	设置当 href 的值不是 # 开头,只表示一个 url 地址,弹框会先加载其内容,替换掉原有的 modal-content 样式的 div 元素

使用模态框效果如图 7.5 所示。

图 7.5　模态框简单应用

为了实现图 7.5 的效果，新建 CORE0703.html，代码如 CORE0703 所示。

代码 CORE0703　模态框简单应用

```html
<!DOCTYPE html>
<html>
    <head>
        <meta charset="utf-8">
        <title></title>
        <link href="css/bootstrap-3.3.7.css">
        <script src="js/jquery-1.9.1.min.js"></script>
        <script src="js/bootstrap-3.3.7.js"></script>
    </head>
    <body>
        <!-- 按钮触发模态框 -->
        <button class="btn btn-primary btn-lg"data-toggle="modal" data-target="#myModal"> 模态框 </button>
        <!-- 模态框（Modal）-->
        <div class="modal" id="myModal" tabindex="-1" role="dialog"
            aria-labelledby="myModalLabel" aria-hidden="true">
            <div class="modal-dialog">
            <div class="modal-content">
                <div class="modal-header">
                <button type="button" class="close" data dismiss="modal"
                    aria-hidden="true">&times;</button>
                    <h4 class="modal-title" id="myModalLabel">
                        模态框标题
                    </h4>
                </div>
                <div class="modal-body">
                    添加的内容
                </div>
```

```
                    <div class="modal-footer">
                    <button type="button" class="btn btn-default" data-dismiss="modal">
                        关闭
                    </button>
                    <button type="button" class="btn btn-primary">
                        提交更改
                    </button>
                    </div>
                    </div>
                    </div>
                </div>
            </body>
        </html>
```

2 模态框事件

除了设置模态框样式外,在使用模态框实现一些弹出或验证效果时,不可缺少模态框事件,比如触发事件、触发效果等。模态框对应的 JavaScript 触发事件如表 7.6 所示。

表 7.6 模态框中 JavaScript 触发事件

事 件	说 明
show.bs. modal	当调用 show() 方法时立即触发
shown.bs. modal	当模态框完全显示给用户时触发该事件(等待 CSS 过渡效果完成)
hide.bs. modal	当调用 hide() 方法时立即触发
hidden.bs.modal	当模态框完全隐藏后触发

模态框事件的语法如下所示。

```
<script>
    $(function() {
        $('#myModal').on('hide.bs.modal', function() {
            alert(' 模态框事件 ...');
        })
    });
</script>
```

使用 Bootstrap 模态框 show 事件效果如图 7.6 所示。

图 7.6　Bootstrap 模态框事件

为了实现图 7.6 的效果，新建 CORE0704.html，代码如 CORE0704 所示。

代码 CORE0704 事件

```
<!DOCTYPE html>
<html>
    <head>
            <meta charset="utf-8">
            <title></title>
            <link href="css/bootstrap-3.3.7.css">
            <script src="js/jquery-1.9.1.min.js"></script>
            <script src="js/bootstrap-3.3.7.js"></script>
    </head>
    <body>
<!-- 按钮触发模态框 -->
            <button class="btn btn-primary btn-lg" data-toggle="modal" data-tar-
get="#myModal">
    模态框
</button>
            <!-- 模态框（Modal）-->
            <div class="modal fade" id="myModal" tabindex="-1" role="dialog"
aria-labelledby="myModalLabel" aria-hidden="true">
                    <div class="modal-dialog">
                            <div class="modal-content">
                                    <div class="modal-header">
<button type="button" class="close" data-dismiss="modal" aria-hidden="true">×</button>
                                    <h4 class="modal-title" id="myModalLabel"> 模
态框标题 </h4>
```

```
                                    </div>
                                    <div class="modal-body"> 内容 </div>
                                    <div class="modal-footer">
                        <button  type="button"  class="btn  btn-default"  data-dis-
miss="modal">

                                    关闭
                                </button>
                                <button type="button" class="btn btn-primary">
                                    提交更改
                                </button>
                                    </div>
                                </div>
                    </div>
        </div>
        <script>
                $(function() {
                        $('#myModal').on('hide.bs.modal', function() {
                                alert(' 模态框 hide.bs.modal 事件 ...');
                        })
                });
            </script>
        </body>
    </html>
```

技能点 3　日期选择器

日期时间选择器（datetimepicker）是由 Stefan Petre 开发的一款基于 Bootstrap 3 的超实用的插件，能快速设置日期值。它能够为文本输入框或其他任意元素添加日期选择功能，并且能够设置各种日期格式以及日期范围。

1　日期选择器使用

要使用日期时间选择器需要引用插件，具体如下：

第一步：下载日期选择器插件。访问 http://www.eyecon.ro/bootstrap-datepicker/ 下载，如图 7.7 所示。

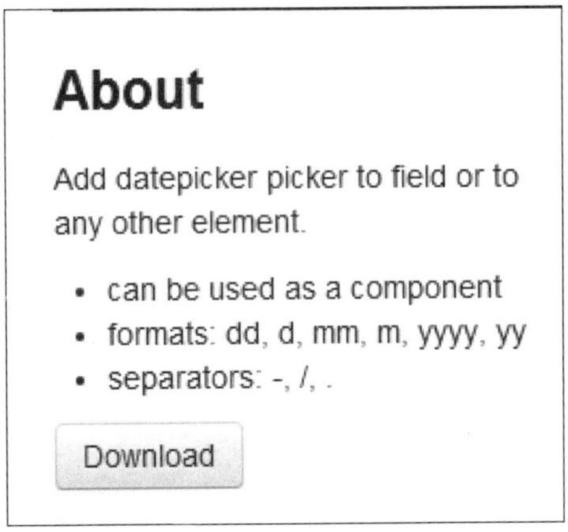

图 7.7　下载日期选择器插件

第二步：在页面引入 jQuery 和 datetimepicker 的 JS、CSS 文件。

```
<script src="js/jquery-1.9.1.min.js"></script>
<script src="js/bootstrap-datepicker.js"></script>
<link href="css/bootstrap-3.3.7.css">
<link href="css/bootstrap-datetimepicker.min.css" />
```

第三步：定义一个日期选择器文本框，设置当前时间 value 值，并给文本框绑定一个触发按钮。

```
<input type="date" value="12-02-2017" id="date">
<span class="add-on"><i class="icon-calendar"></i></span>
```

第四步：JS 激活日期选择器。

```
<script type="text/Javascript">
$(function(){
$('#date').datetimepicker();
});
</script>
```

2　日期选择器方法

设置日期选择器的显示样式和执行的功能，通过 datapicker() 里设置参数对象。如表 7.7 所示。

表 7.7　配置参数

名　称	类　　型	默认值	描　　　述
format	String	mm/dd/yyyy	日期格式 d、dd、m、mm、M、MM、yy、yyyy 的任意组合

续表

名　称	类　　型	默认值	描　　　述
weekstart	Integer	0	一周的开始值。0(星期日)到6(星期六)
minview	Number/String	0/hour	提供的最精确的时间选择视图
pickerposi-tion	String	bottom-right	设置选择器与输入框的位置
autoclose	Boolean	false	选择日期之后是否立即关闭此日期时间选择器
language	String	en	设置日期选择器的语言

日期选择器的格式代码如下所示。

```
<script type="text/javascript">
$(function() {
$('#datetime').datetimepicker({
language: 'en',
minView: 2,   // 选择日期后,不会再跳转去选择时分秒
format: "yyyy-mm-dd",   // 日期格式
weekStart: 0,   // 一周从周日开始
autoclose: 1,
   });
   });
</script>
```

日期选择器方法,如表 7.8 所示。

表 7.8　日期选择器相关方法

方　　法	描　　述
.datetimepicker('show')	显示日期时间选择器
.datetimepicker('hide')	隐藏日期时间选择器
.datetimepicker('setStartDate', value)	给日期时间选择器设置一个新的起始日期
.datetimepicker('setEndDate', value)	给日期时间选择器设置结束日期

日期选择器事件,如表 7.9 所示。

表 7.9　日期选择器相关事件

事　　件	描　　述
show	当选择器显示时被触发
hide	当选择器隐藏时被触发

事　　件	描　　述
changeDate	当日期被改变时被触发
onRender	当一个日期值被选中时,触发该事件,用来设置被选择日期及前面的日期不可用

使用 Bootstrap 日期选择器效果如图 7.8 所示。

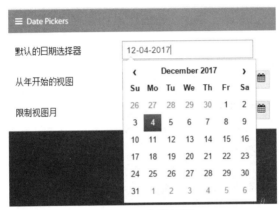

图 7.8　日期选择器

为了实现图 7.8 的效果,新建 CORE0705.html,代码如 CORE0705 所示。

代码 CORE0705　日期选择器

```html
<!DOCTYPE html>
<html>
    <head>
        <meta charset="utf-8" />
        <title></title>
        <link href="assets/bootstrap/css/bootstrap-3.3.7.css">
        <link href="css/style.css"  type="text/css" />
        <link type="text/css" href="css/datepicker.css" />
    </head>
    <body class="fixed-top">
        <div class="widget green">
            <div class="widget-title">
                <h4><i class="icon-reorder"></i> Date Pickers</h4>
                <span class="tools">
                    <a class="icon-chevron-down  href="javascript:;"></a>
                    <a class="icon-remove" href="javascript:;"></a>
                </span>
```

```
            </div>
            <div class="widget-body form">
                <form class="form-horizontal" action="#">
                    <div class="control-group">
                        <label class="control-label"> 默认的 </label>
                        <div class="controls">
                        <input id="dp1" type="text" value="12-02-2017" size="16"
class="m-ctrl-medium">
                        </div>
                    </div>
                </form>
            </div>
        </div>
    <script src="js/jquery-1.8.2.min.js"></script>
    <script src="js/chosen.jquery.min.js"></script>
    <script src=" js/clockface.js"></script>
    <script src="js/jquery.tagsinput.min.js"></script>
    <script src=" js/bootstrap-datepicker.js"></script>
    <script src="js/bootstrap-colorpicker.js"></script>
    <script src=" js/bootstrap-timepicker.js"></script>
    <script src="js/form-component.js"></script>
</body>
</html>
```

技能点 4　颜色选择器

颜色选择器主要功能是帮助用户快速设置颜色,是根据 Bootstrap 前端库研发的 Web 应用程序中比较实用的一款小插件。支持多种格式,如:RGB,RGBA,HEX,HSL。

1　颜色选择器使用

要使用颜色选择器需要引用插件,具体步骤如下:

第一步:下载颜色选择器插件。访问 http://www.eyecon.ro/bootstrap-colorpicker/ 下载,如图 7.9 所示。

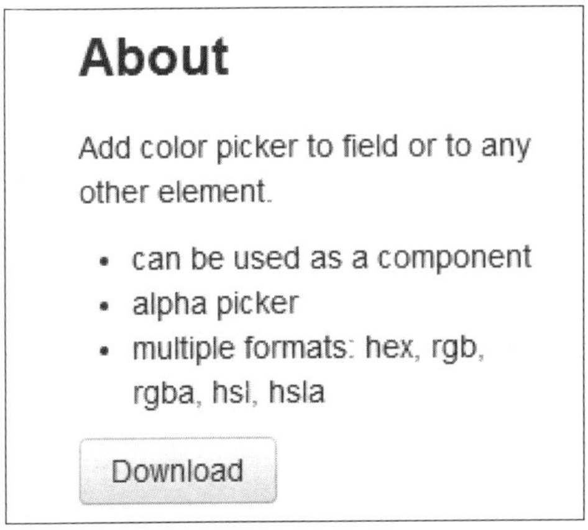

图 7.9　下载颜色选择器文件

第二步：在页面引入颜色选择器相关的 CSS、JS 文件。

```
<link href="css/bootstrap-3.3.7.css">
<link href="css/bootstrap-colorpicker.min.css" />
<script src="js/jquery-1.9.1.min.js"></script>
<script src="js/bootstrap-colorpicker.js"></script>
```

第三步：定义一个颜色选择器文本框，data-color-format="hex" 属性设置颜色格式，data-color="#000000" 属性设置颜色值，并给文本框绑定一个触发按钮。

```
<div  data-color-format="hex" data-color="#000000" class="input-append color" id="color">
        <input type="text" value="#000000" class="span">
        <span class="add-on"><i style="background-color: #000000"></i></span>
</div>
```

第四步：JS 激活颜色选择器。

```
<script type="text/javascript">
$(function(){
$('#color').colorpicker ();
});
</script>
```

2　颜色选择器方法

通过 colorpicker() 设置参数对象，设置颜色选择器的显示样式和执行的功能。颜色选择器插件支持 JavaScript 调用方法，没有提供 data 属性调用方法。colorpicker() 方法除了接受参数外，还可以通过几个专用的方法设置颜色选择器的显示和隐藏。colorpicker 支持的专用方法如表 7.10 所示。

表 7.10　colorpicker() 支持的方法

方　　法	描　　述
.colorpicker('show')	显示颜色选择器
.colorpicker('hide')	隐藏颜色选择器
.colorpicker('place')	更新的颜色选择器的相对位置的元素
.colorpicker('setValue', value)	给颜色选择器设置新值,该方法可以触发 changeColor 事件

颜色选择器不仅可以有专用的方法,还支持三种事件用来设置颜色选择器何时触发,颜色选择器支持的事件如表 7.11 所示。触发事件包含的方法如表 7.12 所示。

表 7.11　触发事件

事　　件	描　　述
Show	当颜色选择器显示时被触发
Hide	当颜色选择器隐藏时被触发
ChangeColor	当颜色被改变时被触发

表 7.12　触发事件方法

方　　法	描　　述
.setColor(value)	设定一个新的颜色
.setHue(value)	设置色调,取值范围 0~1
.setSaturation(value)	设置饱和度,取值范围 0~1
.setLightness(value)	设置亮度,取值范围 0~1
.setAlpha(value)	设置透明度,取值范围 0~1
.toRGB()	返回 RGB 颜色值(红,绿的哈希,蓝和 alpha)
.toHex()	返回 Hex 颜色值(字符串形式)
.toHSL()	返回 HSL 颜色值(值与 HSLA 哈希)

使用 Bootstrap 颜色选择器效果如图 7.10 所示。

为了实现图 7.10 的效果,新建 CORE0706.html,代码如 CORE0706 所示。

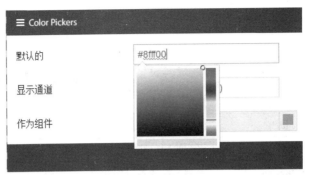

图 7.10　颜色选择器

代码 CORE0706 颜色选择器

```html
<!DOCTYPE html>
<html>
    <head>
        <meta charset="utf-8" />
        <title></title>
        <link href="assets/font-awesome/css/font-awesome.css" />
        <link href="assets/bootstrap/css/bootstrap-3.3.7.css">
        <link href="css/style.css" />
        <link href="assets/bootstrap-colorpicker/css/colorpicker.css" />
    </head>
    <body class="fixed-top">
        <div class="widget success">
            <div class="widget-title">
                <h4><i class="icon-reorder"></i> Color Pickers</h4>
                <span class="tools">
                    <a class="icon-chevron-down"  href="javascript:;"></a>
                    <a class="icon-remove" href="javascript:;"></a>
                </span>
            </div>
            <div class="widget-body form">
                <form class="form-horizontal" action="#">
                    <div class="control-group">
                        <label class="control-label"> 默认的 </label>
                        <div class="controls">
                        <input type="text" value="#8fff00" class="cp1">
                        </div>
                    </div>
```

```html
                <div class="control-group">
                    <label class="control-label"> 显示通道 </label>
                    <div class="controls">
                        <input type="text" data-color-format="rgba"
                            value="rgb(0,194,255,0.78)" class="cp2">
                    </div>
                </div>
                <div class="control-group">
                <label class="control-label"> 作为组件 </label>
                <div class="controls">
                <div data-color-format="rgba" data-color="#87BB33"
                    class="input-append color cp1">
                    <input type="text" readonly="" value="#87BB33" >
                <span class="add-on">
                    <i style="background-color: #87BB33;"></i>
                </span>
                </div>
                </div>
                </div>
            </form>
        </div>
</div>
<script src="js/jquery-1.9.1.min.js"></script>
<script src="js/chosen.jquery.min.js"></script>
<script src=" js/bootstrap-colorpicker.js"></script>
<script src="js/form-component.js"></script>
<!-- 省略 JS 代码 -->
</body>
</html>
```

提示 当我们走向社会以后,需要处理同事之间、上下级之间的关系。扫描图中二维码,我们来看看程序员小张的故事,怎么样避免跟小张有同样遭遇呢。扫一扫,就知道!

通过下面七个步骤的操作，实现图 7.2 所示的基于"健身 Show"教练详细信息界面的效果。

第一步：打开 Sublime Text 2 软件，如图 7.11 所示。

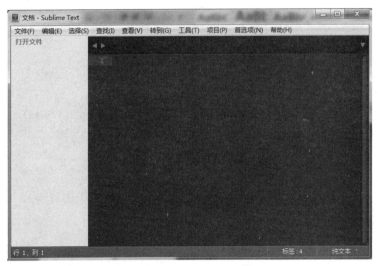

图 7.11　Sublime Text 2 界面

第二步：点击创建并保存为 CORE0707.html 文件，并通过外联方式导入 CSS 文件和 JS 文件。如图 7.12 所示。

图 7.12　导入 CSS 和 JS

第三步：教练详细信息头部的制作。

头部标题由 <h1> 标签设置。代码 CORE0708 如下。设置样式前效果如图 7.13 所示。

代码 CORE0708 标题

```
<div id="content">
    <div id="content-header">
        <h1> 教练详细信息 </h1>
    </div>
</div>
```

图 7.13 标题设置样式前

设置标题样式,需要添加右侧背景样式,将标题在右侧显示并设置字体样式。部分代码 CORE0709 如下。设置样式后效果如图 7.14 所示。

代码 CORE0709 标题 CSS 代码

```
#content {
    background: none repeat scroll 0 0 #eeeeee;
    margin-left: 220px;
    margin-right: 0;
    padding-bottom: 25px;
    position: relative;
    min-height: 500px;
    width: auto;
    border-top-left-radius: 8px;
}
#content-header {
    background-image: -webkit-gradient(linear, 0 0%, 0 100%, from(#FFFFFF), to(#EEEEEE));
    background-image: -webkit-linear-gradient(top, #FFFFFF 0%, #EEEEEE 100%);
    background-image: -moz-linear-gradient(top, #FFFFFF 0%, #EEEEEE 100%);
    background-image: -ms-linear-gradient(top, #FFFFFF 0%, #EEEEEE 100%);
```

```
    background-image: -o-linear-gradient(top, #FFFFFF 0%, #EEEEEE 100%);
    background-image: linear-gradient(top, #FFFFFF 0%, #EEEEEE 100%);
    border-top-left-radius: 8px;
    height: 80px;
    position: abslute;
    width: 100%;
    margin-top: -38px;
    z-index: 20;
}
#content-header h1 {
    color: #555555;
    font-size: 28px;
    font-weight: normal;
    float: left;
    text-shadow: 0 1px 0 #ffffff;
    margin-left: 20px;
    position: absolute;
}
```

图 7.14　标题设置样式后

第四步：图标按钮。

通过 class="btn-group" 设置按钮组，在按钮标签内插入 <i> 标签设置字体图标。代码 CORE0710 如下。设置样式前效果如图 7.15 所示。

代码 CORE0710　图标按钮
`<div id="content">`

```
<div id="content-header">
    <h1> 教练详细信息 </h1>
    <div class="btn-group">
        <a class="btn btn-large tip-bottom" title="Manage Files">
            <i class="icon-file"></i>
        </a>
        <a class="btn btn-large tip-bottom" title="Manage Users">
            <i class="icon-user"></i>
        </a>
        <a class="btn btn-large tip-bottom" title="Manage Comments">
            <i class="icon-comment"></i><span class="label label-
important">5</span>
        </a>
        <a class="btn btn-large tip-bottom" title="Manage Orders">
            <i class="icon-shopping-cart"></i>
        </a>
    </div>
</div>
</div>
```

图 7.15　图标按钮设置样式前

　　设置图标按钮样式,将图标按钮向右浮动并设置其间距。部分代码 CORE0711 如下。设置样式后效果如图 7.16 所示。

代码 CORE0711　图标按钮 CSS 代码

/* 设置按钮样式 */
#content-header .btn-group .btn {
    padding: 11px 14px 9px;
}

```
#content-header .btn-group {
    float: right;
    right: 20px;
    position: absolute;
    margin-top: 20px;
}
```

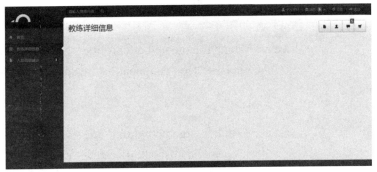

图 7.16　图标按钮设置样式后

第五步：路径导航。

通过 id="breadcrumb" 设置路径导航，在路径导航内插入 <i> 标签设置字体图标，代码 CORE0712 如下。设置样式前效果如图 7.17 所示。

代码 CORE0712　路径导航

```
<div id="breadcrumb">
<a href="#" title="Go to Home" class="tip-bottom"><i class="icon-home"></i> 首页
</a>
<a href="#" class="current"> 教练详细信息 </a>
</div>
```

图 7.17　路径导航设置样式前

设置路径导航样式，设置路径导航元素字体样式，为路径导航添加背景颜色。部分代码

CORE0713 如下。设置样式后效果如图 7.18 所示。

代码 CORE0713　路径导航 CSS 代码

```css
#breadcrumb {
    background-color: #e5e5e5;
    box-shadow: 0 0 1px #ffffff;
    border-top: 1px solid #d6d6d6;
    border-bottom: 1px solid #d6d6d6;
    padding-left: 10px;
}
/* 设置路径导航元素样式 */
#breadcrumb a {
    padding: 8px 20px 8px 10px;
    display: inline-block;
    background-image: url(../img/breadcrumb.png);
    background-position: center right;
    background-repeat: no-repeat;
    font-size: 11px;
    color: #666666;
}
#breadcrumb a.current {
    font-weight: bold;
    color: #444444; }
```

图 7.18　路径导航设置样式后

第六步：表格数据。

采用表格填充数据，通过 class="table" 直接定义表格样式，使用 \<a\> 标签设置按钮组，代码 CORE0714 如下。设置样式前效果如图 7.19 所示。

代码 CORE0714 路径导航

```html
<table class="table table-bordered data-table">
    <thead>
            <tr>
                    <th> 姓名 </th>
                    <th> 出生日期 </th>
                    <th> 喜欢的颜色 </th>
                    <th> 职业职称 </th>
                    <th> 操作 </th>
            </tr>
    </thead>
    <tbody>
            <tr class="gradeA">
                    <td>David R</td>
                    <td class="center">1987/03/01</td>
                    <td class="center"> 红色 </td>
                    <td class="center"> 健美操教练 </td>
                    <td class="center">
                            <a class="btn btn-success" href="#">
                                    <i class="icon-zoom-in icon-white"></i> View
                            </a>
                            <a class="btn btn-info" href="#" data-toggle="modal"
data-target="#myModal">
                                    <i class="icon-edit icon-white"></i> Edit
                            </a>
                            <a class="btn btn-danger" href="#">
                                    <i class="icon-trash icon-white"></i> Delete
                            </a>
                    </td>
            </tr>
            <tr class="gradeA">
                    <td> 张红 </td>
                    <td class="center">1999/08/22</td>
                    <td class="center"> 黄色 </td>
                    <td class="center">
                            健美操教练
                    </td>
                    <td class="center">
```

```
                    <a class="btn btn-success" href="#">
                        <i class="icon-zoom-in icon-white"></i> View
                    </a>
                    <a class="btn btn-info" href="#">
                        <i class="icon-edit icon-white"></i> Edit
                    </a>
                    <a class="btn btn-danger" href="#">
                        <i class="icon-trash icon-white"></i> Delete
                    </a>
                </td>
            </tr>
            <!-- 部分代码省略 -->
        </tbody>
    </table>
```

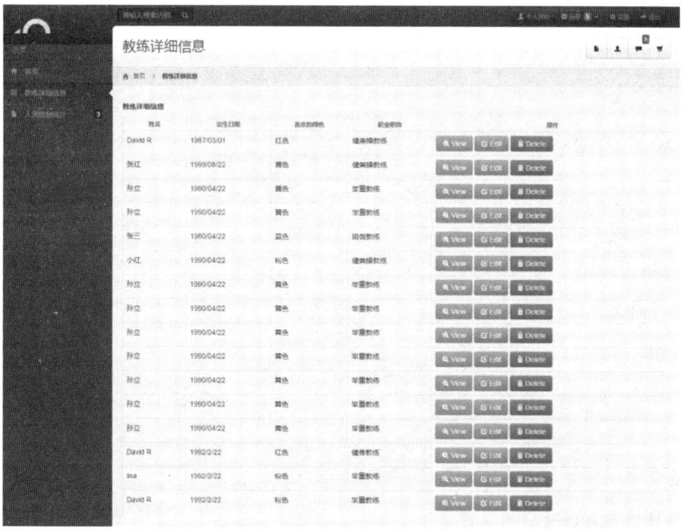

图 7.19　表格数据设置样式前

　　设置表格数据样式,需要设置表格标题样式及表格位置。部分代码 CORE0715 如下。设置样式后效果如图 7.20 所示。

代码 CORE0715　表格数据 CSS 代码

```
.container-fluid .row-fluid:first-child {
    margin-top: 20px;
}
/* 设置表格样式 */
.widget-box {
```

```css
    background: none repeat scroll 0 0 #F9F9F9;
    border-top: 1px solid #CDCDCD;
    border-left: 1px solid #CDCDCD;
    border-right: 1px solid #CDCDCD;
    clear: both;
    margin-top: 16px;
    margin-bottom: 16px;
    position: relative;
}
.widget-title{
    background-color: #efefef;
    background-image: -linear-gradient(top, #fdfdfd 0%, #eaeaea 100%);
    border-bottom: 1px solid #CDCDCD;
    height: 36px;
}
/* 设置表格标题样式 */
.widget-title h5 {
    color: #666666;
    text-shadow: 0 1px 0 #ffffff;
    float: left;
    font-size: 12px;
    font-weight: bold;
    padding: 12px;
    line-height: 12px;
    margin: 0;
}
.nopadding {
    padding: 0 !important;
}
```

通过 JS 文件设置表格分页功能，部分代码 CORE0716 如下。设置分页后效果如图 7.21 所示。

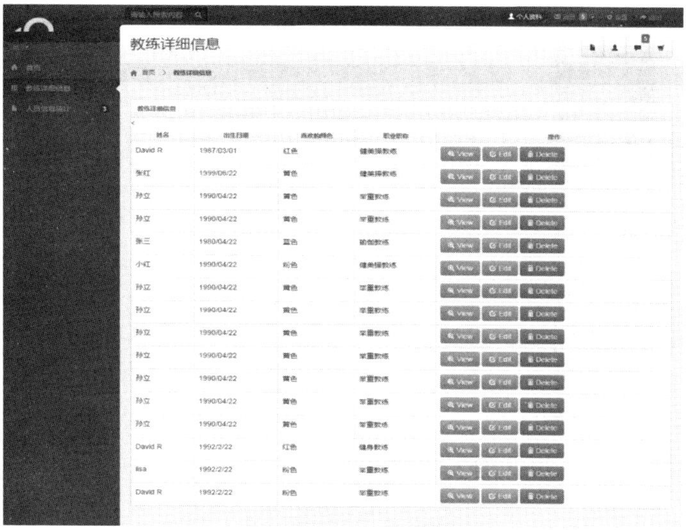

图 7.20　表格数据设置样式后

代码 CORE0716　表格分页 JS 代码

```
$(document).ready(function(){
  $('.data-table').dataTable({
    "bJQueryUI": true,
    "sPaginationType": "full_numbers",
    "sDom": '<"">l>t<"F"fp>'
});
  $('input[type=checkbox],input[type=radio],input[type=file]').uniform();
  $('select').select2();
  $("span.icon input:checkbox, th input:checkbox").click(function() {
    var checkedStatus = this.checked;
    var checkbox = $(this).parents('.widget-box').find('tr td:first-child input:checkbox');
    checkbox.each(function() {
      this.checked = checkedStatus;
      if (checkedStatus == this.checked) {
        $(this).closest('.checker > span').removeClass('checked');
      }
      if (this.checked) {
        $(this).closest('.checker > span').addClass('checked');
      }
    });
  });
});
```

图 7.21　表格分页设置样式后

第七步：模态框。

点击按钮弹出模态框，采用选择器对教练的出生日期、喜欢的颜色进行选择，代码 CORE0717 如下。效果如图 7.22 所示。

代码 CORE0717　模态框

```
<div class="modal fade" id="myModal" tabindex="-1" role="dialog"
aria-labelledby="myModalLabel">
    <div class="modal-dialog" role="document">
        <div class="modal-content">
        <div class="modal-header">
        <button  type="button"  class="close"  data-dismiss="modal"  aria-label="-
Close">
            <span aria-hidden="true">&times;</span>
        </button>
        <h4 class="modal-title" id="myModalLabel"> 信息修改 </h4>
        </div>
        <div class="modal-body">
            <div class="container-fluid">
            <div class="widget-box">
                <div class="widget-content nopadding">
                    <form class="form-horizontal">
                        <div class="control-group">
                        <label class="control-label"> 姓名 </label>
                        <div class="controls">
                        <input type="text" data-color="#ffffff" value=" 张三 ">
```

```
            </div>
            </div>
            <div class="control-group">
            <label class="control-label"> 出生日期 </label>
            <div class="controls">
            <input type="date" />
            </div>
            </div>
            <div class="control-group">
            <label class="control-label"> 喜欢的颜色 </label>
            <div class="controls">
            <input type="color" />
            </div>
            </div>
            <div class="control-group">
            <label class="control-label"> 职业职称 </label>
        <div class="controls">
        <input type="text" data-color="#ffffff" value=" 健美操教练 ">
        </div>
        </div>
        </form>
      </div>
      </div>
      </div>
    <div class="modal-footer">
      <button type="button" class="btn btn-default" data-dismiss="modal">
      关闭
      </button>
      <button type="button" class="btn btn-primary">
      保存
      </button>
    </div>
    </div>
    </div>
  </div>
</div>
```

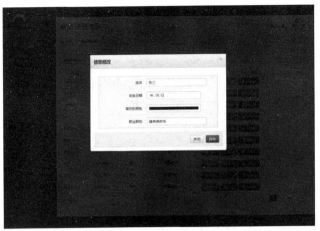

图 7.22　模态框信息

至此，"健身 Show"运动教练详细信息界面制作完成。

本项目通过学习"健身 Show"教练详细信息界面，对 Bootstrap 分页、模态框、日期选择器、时间选择器等相关知识有初步的了解，并能够熟练的使用模态框、日期选择器和颜色选择器实现"健身 Show"运动教练界面教练信息的显示。

pagination	分页	event	事件
currentPage	当前页	modal	模态
numberOfPages	页面数量	keyboard	键盘
totalPages	总页数	remote	远程
current	当前的	picker	选择器

一、选择题

1．当使用模态框实现项目中想要的效果时。首先需要引入（　　　）文件或 bootstrap.js。

A.toggle.js　　　　　B.modal.js　　　　　C.data.js　　　　　D.jQuery.js

2．（　　　）定义模态框的背景遮板类型。

A.data-toggle　　　　B.data-target　　　　C.data-backdrop　　　　D.show

3. 日期时间选择器（datetimepicker）是由（　　）开发的一款基于 Bootstrap3 的超实用的插件，能快速设置日期值。

A.Stefan Petre　　　　B.Twitter　　　　　　C.Job　　　　　　　　D.Jacob Thornton

4. 设置日期选择器的显示样式和执行的功能，通过（　　）参数设置日期格式。

A.autoclose　　　　　B.weekStart　　　　　C.format　　　　　　D.viewMode

5. 在使用 Bootstrap 分页插件时需要下载相对应的 JS 文件，需要注意该插件需要使用的 jQuery 文件为（　　）版本以上。

A.1.9　　　　　　　　B.1.8　　　　　　　　C.2.1　　　　　　　　D.2.3

二、填空题

1. 在使用分页的时候只需要在 <ul> 标签上添加 _____ 再加上 <li> 元素。

2. 定义一个日期选择器文本框，设置当前时间 value 值，并给文本框绑定一个触发按钮 _____。

3. 如何 JS 激活日期选择器 _____。

4. _____ 属性设置颜色选择器的颜色格式。

5. 颜色选择器中设置饱和度属性是 _____。

三、上机题

使用 Bootstrap 日期选择器插件编写符合以下要求的网页。要求：选中日期后触发事件。实现下图效果。

项目八　基于"健身 Show"人员信息统计界面的实现

通过实现"健身 Show"人员信息统计界面，了解人员信息统计界面中如何使用 Canvas 绘制折线图，掌握滚动监听的相关方法和事件，学习附加导航的使用方法，具有在界面中使用滚动监听实现监听效果的能力。在任务实现过程中：

- 了解界面中如何使用 Canvas 绘制折线图。
- 掌握滚动监听的相关方法和事件。
- 掌握附加导航的使用方法。
- 具有使用滚动监听实现监听效果的能力。

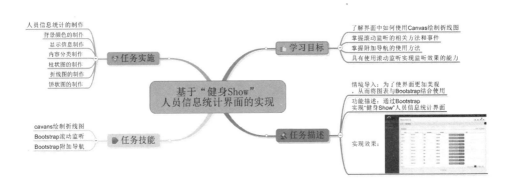

【情境导入】

统计图在学习、生活等各方面发挥着十分重要的作用，具有直观明了的优点。使用统计图表的方式对学习人数、收入统计、运动分类进行统计,可以清晰地看出学习人数的增减变化、收入的多少、各种运动的关系。利用图表与 Bootstrap 结合使用,使界面更加美观。本项目主要通过实现"健身 Show"后台管理人员信息统计界面学习统计图表的相关知识。

【功能描述】

本项目将实现"健身 Show"人员信息界面。

● 使用滚动监听实现左边菜单的滚动。

● 使用 Canvas 绘制折线图。

● 使用折线图显示相关的人员信息。

● 使用栅格系统设置界面的布局方式。

【基本框架】

基本框架如图 8.1 所示。通过本项目的学习,能将框架图 8.1 转换成"健身 Show"人员信息界面,效果如图 8.2。

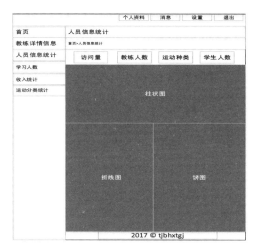

图 8.1　框架图

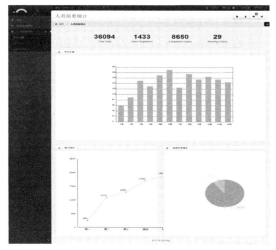

图 8.2　效果图

技能点 1　Canvas 绘制折线图

　　Canvas 是 HTML5 中的一个新标签，主要是用于图形绘制，可以在网页上绘制图形、文字等，但需通过 JavaScript 脚本来实现。Canvas 提供的功能更原始，适合像素处理，动态渲染和大量数据绘制，使用 Canvas 可以绘制折线图、柱状图、饼图等，绘制图形的方法如表 8.1 所示。

表 8.1　Canvas 的方法

方　　法	描　　述
beginPath()	设置开始定义路径
closePath()	设置关闭前面定义的路径并将当前绘制图形的结束点和我们绘制图形开始点进行连接
moveTo(float x,float y)	把当前绘制图像的起点设置为某一特定坐标
lineTo(float x,float y)	设置把 Canvas 的当前路径从当前结束点连接到 x、y 对应的点
stroke()	设置填充 Canvas 当前路径绘制边框
fillStyle()	设置填充 Canvas 路径所使用的填充风格
strokeStyle()	设置绘制 Canvas 路径的填充风格
lineWidth()	设置线条的宽度
arc(x,y,radius,startAngle,endAngle,anticlockwise)	设置 x 和 y，定义的是圆的中心，radius 是圆的半径，startAngle 和 endAngle 是弧度，不是度数，anticlockwise 用来定义所画圆的方向，值是 true 或 false
fill()	设置进行填充
fillRect()	设置绘制一个无边框矩形，示例 fillRect(0,0,150,75) 表示为左上角的坐标为（0,0）长度为 150 宽度为 75
strokeRect()	设置绘制一个带边框的矩形，该方法的四个参数和上面的相同

　　画布本身不具有绘制图形的功能，只是一个容器，使用 Canvas 绘制折线图。一般分为下面几个步骤：

　　（1）创建画布

　　创建画布使用 <canvas> 标签，通常需要定义 id、画布高度和宽度。代码如下所示。

```
<canvas id="Canvas" width="200" height="100"></canvas>
```

（2）获取当前画布对象

使用脚本语言 JavaScript 进行绘制图形，通过 id 寻找 Canvas 元素，获取当前画布对象，代码如下所示。

```
var a=document.getElementById("Canvas");
```

（3）创建 Context 对象

通过 getContext() 方法，返回一个指定 contextID 的上下文对象，如果不支持指定的 id 时，则返回 null。代码如下所示。

```
<!--2d 表示该 Canvas 节点用于生成 2D 图案。-->
var ctx=a.getContext("2d");
```

（4）坐标轴绘制

使用坐标系判断坐标的位置，绘制坐标轴需要定义一个画线的函数方法 drawBorder() 画两条线。使用 Canvas 绘制坐标轴效果如图 8.3 所示。

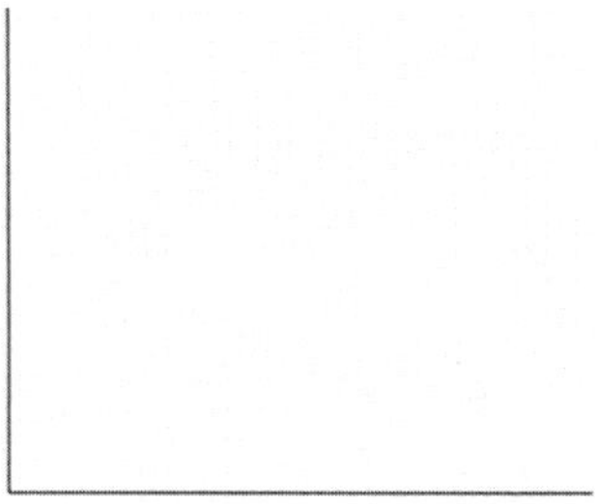

图 8.3　Canvas 绘制坐标轴

为了实现图 8.3 的效果，新建 CORE0801.html，代码如 CORE0801 所示。

代码 CORE0801　坐标轴绘制

```
function drawBorder(){
        ctx.beginPath(); // 开始路径绘
        ctx.moveTo(100,50); // 设置路径起点，坐标为 (100,50)
        ctx.lineTo(100,550); // 绘制一条到 (100,550) 的直线
        ctx.moveTo(100,550);
        ctx.lineTo(600,550);
        ctx.closePath();
        ctx.stroke(); // 进行线的着色，使整个线条变得可见
    }
```

（5）绘制标尺

定义两个数组 nums 和 datas 分别存放折线上的数值和横坐标的数值，再定义一个函数 drawBlock 来绘制横纵坐标的数值、折线上的菱形和数值。使用 Canvas 绘制标尺效果如图 8.4

所示。

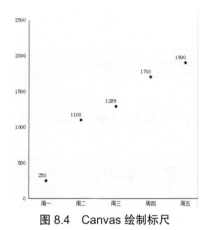

图 8.4　Canvas 绘制标尺

为了实现图 8.4 的效果，新建 CORE0802.html，代码如 CORE0802 所示。

代码 CORE0802　坐标轴标尺

```
nums = [250,1100,1289,1700,1900];
datas = [" 周一 "," 周二 "," 周三 "," 周四 "," 周五 "];
// 绘制折线点的菱形和数值, 横坐标值, 纵坐标值
    function drawBlock(){
        for (i = 0;i <= nums.length;i ++){
            var numsY = 550-nums[i]/500*100;
            var numsX = i*100+150;
            ctx.beginPath();
            // 画出折线上的方块
            ctx.moveTo(numsX-4,numsY);
            ctx.lineTo(numsX,numsY-4);
            ctx.lineTo(numsX+4,numsY);
            ctx.lineTo(numsX,numsY+4);
            ctx.fill();
            ctx.font = "15px scans-serif";
            ctx.fillStyle = "black";
            // 折线上的点值
            var text = ctx.measureText(nums[i]);
            ctx.fillText(nums[i],numsX-text.width,numsY-10);
            // 绘制纵坐标
            var colText = ctx.measureText((nums.length-i)*500);
            ctx.fillText((nums.length-i)*500,90-colText.width,i*100+55);
        // 绘制横坐标并判断
```

```
        if (i < 5){
            var rowText = ctx.measureText(datas[i]);
            ctx.fillText(datas[i],numsX-rowText.width/2,570);
        }else if(i == 5) {
            return;
        }
        ctx.closePath();
        ctx.stroke();
    }
}
drawBlock();
```

（6）折线绘制

定义一个函数 drawLine 绘制折线,用 for 循环,每次循环从（numsX,numsY）绘制到（numsNX,numsNY）。代码如下所示。

```
function drawLine(){
    for (i = 0;i < nums.length-1;i ++){
        // 起始坐标
        var numsY = 550-nums[i]/500*100;
        var numsX = i*100+150;
        // 终止坐标
        var numsNY = 550-nums[i+1]/500*100;
        var numsNX = (i+1)*100+150;
        ctx.beginPath();
        ctx.moveTo(numsX,numsY);
        ctx.lineTo(numsNX,numsNY);
        ctx.lineWidth = 3;
        ctx.strokeStyle = "#63DB2A";
        ctx.closePath();
        ctx.stroke();
    }
}
drawLine ();
```

使用 Canvas 绘制折线图效果如图 8.5 所示。

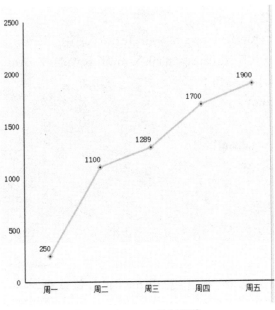

图 8.5　Canvas 绘制折线

为了实现图 8.5 的效果，新建 CORE0803.html，代码如 CORE0803 所示。

代码 CORE0803　折线图

```html
<!DOCTYPE html>
<html >
<head>
<title></title>
<meta charset="UTF-8" />
</head>
<body>
<div >
<canvas id="can1" width="600" height="600"></canvas>
</div>
<script type="text/javascript">
    var can1 = document.getElementById("can1");
    var ctx = can1.getContext("2d");
    nums = [250,1100,1289,1700,1900];
    datas = [" 周一 "," 周二 "," 周三 "," 周四 "," 周五 "];
    // 画出坐标线
    function drawBorder(){
        ctx.beginPath();
        ctx.moveTo(100,50);
        ctx.lineTo(100,550);
```

```
        ctx.moveTo(100,550);
        ctx.lineTo(600,550);
        ctx.closePath();
        ctx.stroke();
    }
    // 画出折线
    function drawLine(){
        for (i = 0;i < nums.length-1;i ++){
            // 起始坐标
            var numsY = 550-nums[i]/500*100;
            var numsX = i*100+150;
            // 终止坐标
            var numsNY = 550-nums[i+1]/500*100;
            var numsNX = (i+1)*100+150;
            ctx.beginPath();
            ctx.moveTo(numsX,numsY);
            ctx.lineTo(numsNX,numsNY);
            ctx.lineWidth = 3;
            ctx.strokeStyle = "black";
            ctx.closePath();
            ctx.stroke();
        }
    }
    // 绘制折线点的菱形和数值,横坐标值,纵坐标值
    function drawBlock(){
        for (i = 0;i <= nums.length;i ++){
            var numsY = 550-nums[i]/500*100;
            var numsX = i*100+150;
            ctx.beginPath();
            // 画出折线上的方块
            ctx.moveTo(numsX-4,numsY);
            ctx.lineTo(numsX,numsY-4);
            ctx.lineTo(numsX+4,numsY);
            ctx.lineTo(numsX,numsY+4);
            ctx.fill();
            ctx.font = "15px scans-serif";
            ctx.fillStyle = "black";
            // 折线上的点值
```

```
        var text = ctx.measureText(nums[i]);
        ctx.fillText(nums[i],numsX-text.width,numsY-10);
        // 绘制纵坐标
        var colText = ctx.measureText((nums.length-i)*500);
        ctx.fillText((nums.length-i)*500,90-colText.width,i*100+55);
        // 绘制横坐标并判断
        if (i < 5){
            var rowText = ctx.measureText(datas[i]);
            ctx.fillText(datas[i],numsX-rowText.width/2,570);
        }else if(i == 5) {
            return;
        }
        ctx.closePath();
        ctx.stroke();
        }
    }
    drawBorder();
    drawLine();
    drawBlock();
</script>
</body>
</html>
```

技能点 2　Bootstrap 滚动监听

　　滚动监听根据滚动条的位置自动更新到对应的导航目标,主要作用是避免界面内容过多时,造成用户视觉混乱。要实现滚动监听效果首先需引入 jQuery 文件,然后引入 scrollspy.js 或直接引用 bootstrap.js。

1　滚动监听样式

　　通过 data 属性设置滚动监听,实现当滚动区域到达导航目标的某一项时,对应的导航目标项会高亮显示的效果。设置滚动监听时确保所需监听链接的元素存在,data 属性如表 8.2 所示。

表 8.2　data 属性

属　　性	描　　述
data-offset	默认值为 10,固定内容距滚动容器 10 像素以内,显示所对应的内容
data-spy	设置 scroll,将设置滚动容器监听
data-target	绑定需要监听内容

使用滚动监听样式效果如图 8.6 所示。

图 8.6　滚动监听

为了实现图 8.6 的效果,新建 CORE0804.html,代码如 CORE0804 所示。

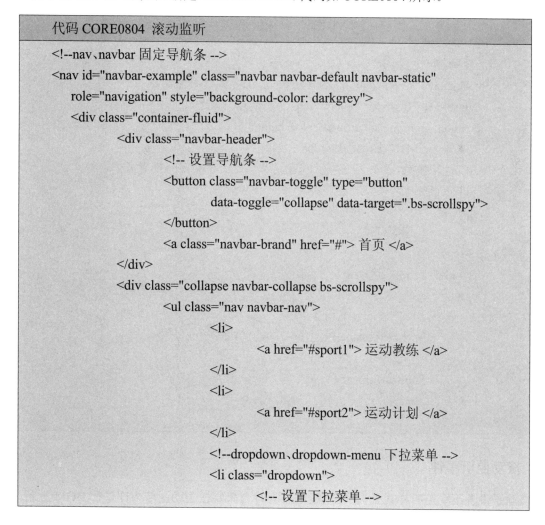

```
代码 CORE0804  滚动监听
<!--nav、navbar 固定导航条 -->
<nav id="navbar-example" class="navbar navbar-default navbar-static"
    role="navigation" style="background-color: darkgrey">
<div class="container-fluid">
        <div class="navbar-header">
                <!-- 设置导航条 -->
                <button class="navbar-toggle" type="button"
                        data-toggle="collapse" data-target=".bs-scrollspy">
                </button>
                <a class="navbar-brand" href="#"> 首页 </a>
        </div>
        <div class="collapse navbar-collapse bs-scrollspy">
                <ul class="nav navbar-nav">
                        <li>
                                <a href="#sport1"> 运动教练 </a>
                        </li>
                        <li>
                                <a href="#sport2"> 运动计划 </a>
                        </li>
                        <!--dropdown、dropdown-menu 下拉菜单 -->
                        <li class="dropdown">
                                <!-- 设置下拉菜单 -->
```

```
                          <a href="#" id="sport3" class="dropdown-toggle"
                              data-toggle="dropdown"> 运动分类
                                  <b class="caret"></b>
                          </a>
                          <ul class="dropdown-menu" role="menu"
                          aria-labelledby="navbarDrop1">
                                  <li>
                                      <a href="#sport4" tabindex="-1"> 分类
                                      </a>
                                  </li>
                          </ul>
                      </li>
                  </ul>
              </div>
          </div>
      </nav>
      <!-- 设置监听对象 -->
      <div data-spy="scroll" data-target="#navbar-example"
          data-offset="0" style="height:200px;overflow:auto;
          position: relative;background-color: beige;">
          <h4 id="sport1"> 运动教练 </h4>
          <p> 运动教练，就是为健身爱好者提供具体指导的健身指导者。</p>
          <h4 id="sport2"> 运动计划 </h4>
          <p>
                  <!-- 内容省略 -->
          </p>
          <h4 id="sport3"> 运动分类 </h4>
          <p>
                  <h4 id="sport4"> 分类 </h4>
                  <img src="images/318765-1409210H95759.jpg" />
                  <img src="images/6.jpg" />
                  <img src="images/7.jpg" />
          </p>
      </div>
```

2 滚动监听事件

除了设置滚动监听样式外，在使用滚动监听时会需要在滚动区域内部进行 DOM 更新，通过 JavaScript 调用 .scrollspy('refresh') 方法刷新绑定相关事件。应用方法如表 8.3 所示。

表 8.3　方法

方　　法	描　　　述
.refresh()	用于获取页面内所有滚动容器的 id 值
.scrollspy()	用于为标签快速绑定滚动监听行为
.scrollspy ('refresh')	用户当通过 JavaScript 调用 scrollspy() 方法时，需要调用 .refresh() 方法来更新 DOM。在 DOM 的任意元素发生变化时非常有用

使用 .scrollspy('refresh') 方法如图 8.7 所示

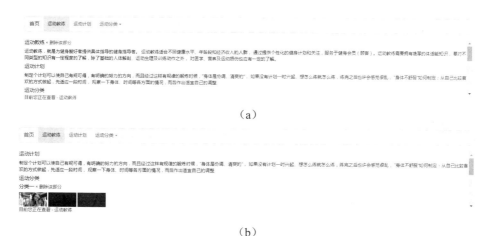

（a）

（b）

图 8.7　scrollspy('refresh') 方法

为了实现图 8.7 的效果，新建 CORE0805.html，代码如 CORE0805 所示。

代码 CORE0805　refresh() 方法

```
<!-- 界面代码见 CORE0804-->
<!-- 使用 refresh() 方法 -->
<script type="text/javascript">
    $(function() {
        removeSection = function(e) {
            $(e).parents(".section").remove();
            <-- 刷新绑定相关的事件 -->
            $('[data-spy="scroll"]').each(function() {
                var $spy = $(this).scrollspy('refresh')
            });
        }
    });
</script>
```

当选取要监听的元素时，首先调用 .scrollspy() 函数。然后使用 JavaScript 快速为标签绑定滚动监听行为。使用脚本属性定义参数：offset、spy、target。参数如表 8.4 所。

表 8.4　参数

参　　数	描　　述
offset	默认值为 10，当计算滚动位置时，距离顶部的偏移像素
spy	监听内容
target	跳转到当前内容

下面的代码建立在上面 CORE0804 基础上。使用滚动监听脚本属性代码如下所示。

```
<script type="text/javascript">
 $(function () { $('.bs-scrollspy').scrollspy({
 target:'#navbar-example' ,
 offset: 0,
 });
     })
 </script>
```

滚动监听插件定义事件 activate.bs.scrollspy，主要作用是切换到新条目，实现当一个新条目被激活后，都将由滚动监听插件触发此事件的效果。下面的代码建立在上面 CORE0804 基础上。使用滚动监听事件如下所示。

```
<script type="text/javascript">
    $(function(){
        $(".bs-scrollspy ").scrollspy();
        $('.bs-scrollspy ').on('activate.bs.scrollspy', function () {
            var currentItem = $(".nav li.active > a").text();
            $("#activeitem").html(" 目前您正在查看 - " + currentItem);
        })
});
</script>
```

提示　想了解或学习更多滚动监听的使用方式，扫描图中二维码，获得更多信息。

技能点 3　Bootstrap 附加导航

附加导航为当页面内容过多出现滚动条时的浮动导航，使用附加导航可以避免页面内容过多时造成用户视觉混乱。实现附加导航功能,首先需要引入 jQuery 文件,然后引用 affix.js 文件或 bootstrap.js 文件。设置附加导航需要通过 CSS 定位,CSS 状态设置如表 8.5 所示。

表 8.5　CSS 状态设置

属性值	描　　述
.affix-top	在开始时,插件添加 .affix-top 来指示元素在它的最顶端位置
.affix	当滚动经过添加了附加导航(Affix)的元素时,应触发实际的附加导航(Affix)。此时 .affix 会替代 .affix-top,同时设置 position: fixed
.affix-bottom	当定义底部偏移时,滚动到达该位置,应把 .affix 替换为 .affix-bottom

1　附加导航样式

附加导航通过为特定元素添加或移除 affix 类,实现内容在窗口中固定或不固定显示。为了实现附加导航效果,需要在元素上添加监听,然后使用样式、偏移量来控制其位置。附加导航样式如表 8.6 所示。

表 8.6　附加导航样式

属性值	描　　述
data-offset-top	用来设置元素距离顶部的距离
data-offset-bottom	用来设置元素距离底部的距离
data-spy	用来对 affix 取值,表示元素固定不变的

使用附加样式效果如图 8.8 所示。

图 8.8　附加导航样式

为了实现图 8.8 的效果，新建 CORE0806.html，代码如 CORE0806 所示。

代码 CORE0806 附加导航样式

```html
<body data-spy="scroll" data-target="#myScrollspy">
<div class="container">
<div class="jumbotron"><h1>"健身 Show"</h1></div>
<div class="row">
<div class="col-xs-3" id="myScrollspy">
<ul class="nav nav-tabs nav-stacked" data-spy="affix"
data-offset-top="125" id=" myAffix ">
<li class="active"><a href="#section-1"> 运动教练 </a></li>
<li><a href="#section-2"> 运动计划 </a></li>
<li><a href="#section-3"> 第三部分 </a></li>
<li><a href="#section-4"> 第四部分 </a></li>
<li><a href="#section-5"> 第五部分 </a></li>
</ul>
</div>
<div class="col-xs-9">
<h2 id="section-1"> 运动教练 </h2><p> 内容省略 </p><hr>
<h2 id="section-2"> 运动计划 </h2><p> 内容省略 </p><hr>
<h2 id="section-3"> 第三部分 </h2>
<p>
            <img src="images/318765-1409210H95759.jpg" />
            <img src="images/6.jpg" />
            <img src="images/7.jpg"/>
    </p><hr>
    </div>
</div>
</div>
</body>
```

---

2 附加导航事件

除了设置附加导航样式外，还可以设置附加导航事件。通过 JavaScript 调用 affix() 方法，该方法包含一个配置参数 offset，用来确定偏移位置，该参数的属性值可以是数值、对象或函数。使用 affix() 方法代码如下。

```html
<script type="text/javascript">
    $(function () {
```

```
$('#myNav').affix({
  offset: {
    top: 60
  } }); });
</script>
```

通过 JavaScript 调用事件,可以设置定位结束前后,以及定位元素应用 affixed-* 效果前后执行的内容,附加导航事件如表 8.7 所示。

表 8.7 附加导航事件

事 件	描 述
affix.bs.affix	在定位结束之前立即触发
affixed.bs.affix	在定位结束之后立即触发
affix-top.bs.affix	在定位元素应用 affixed-top 效果之前触发
affixed-top.bs.affix	在定位元素应用 affixed-top 效果之后触发
affix-bottom.bs.affix	在定位元素应用 affixed-bottom 效果之前触发
affixed-bottom.bs.affix	在定位元素应用 affixed-bottom 效果之后触发

使用导航事件代码如下所示。

```
<script type="text/javascript">
$(document).ready(function(){
  $("# myAffix ").on('affixed.bs.affix', function(){
    alert(" 触发! ");
  });
});
</script>
```

任 务 实 施

通过下面九个步骤的操作,实现图 8.2 所示的基于"健身 Show"人员信息统计界面的效果。

第一步:打开 Sublime Text 2 软件,如图 8.9 所示。

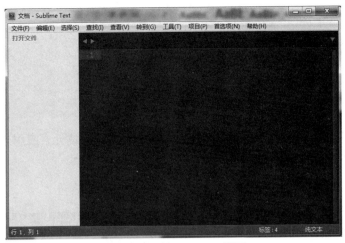

图 8.9　Sublime Text 2 界面

第二步：点击创建并保存为 CORE0807.html 文件，并通过外联方式导入 CSS 文件和 JS 文件。如图 8.10 所示。

图 8.10　导入 CSS 和 JS

第三步：人员信息统计的制作。

人员信息统计标题由 <h1> 标签设置，通过 <a> 标签设置按钮组，使用 <i> 标签在按钮组中插入字体图标，通过 id="breadcrumb" 设置路径导航，代码 CORE0808 如下。设置样式前效果如图 8.11 所示。

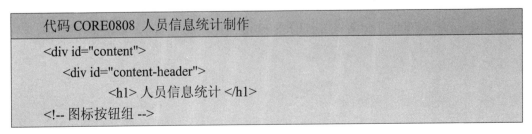

代码 CORE0808　人员信息统计制作

```
<div id="content">
    <div id="content-header">
        <h1> 人员信息统计 </h1>
<!-- 图标按钮组 -->
```

```
                    <div class="btn-group">
                            <a class="btn btn-large tip-bottom" title="Manage Files">
                                    <i class="icon-file"></i>
                            </a>
                            <a class="btn btn-large tip-bottom" title="Manage Users">
                                    <i class="icon-user"></i>
                            </a>
                            <a class="btn btn-large tip-bottom" title="Manage Comments">
                                    <i class="icon-comment"></i>
                                    <span class="label label-important">5</span>
                            </a>
                            <a class="btn btn-large tip-bottom" title="Manage Or-
ders">
                                    <i class="icon-shopping-cart"></i>
                            </a>
                    </div>
            <!-- 图标按钮组 -->
                </div>
            <!-- 路径导航开始 -->
                <div id="breadcrumb">
                        <a href="#" title="Go to Home" class="tip-bottom">
                                <i class="icon-home"></i>
                        首页
                        </a>
                        <a href="#" class="current"> 人员信息统计 </a>
                </div>
            <!-- 路径导航结束 -->
            </div>
```

图 8.11　人员信息统计设置样式前

　　设置人员信息统计部分样式。部分代码 CORE0809 如下。设置样式后效果如图 8.12 所示。

代码 CORE0809 人员信息统计 CSS 代码

```css
#content-header h1, #content-header .btn-group {
    margin-top: 20px;
}
/* 设置标题样式 */
#content-header h1 {
    color: #555555;
    font-size: 28px;
    font-weight: normal;
    float: left;
    text-shadow: 0 1px 0 #ffffff;
    margin-left: 20px;
    position: absolute;
}
/* 设置按钮组样式 */
#content-header .btn-group {
    float: right;
    right: 20px;
    position: absolute;
}
/* 设置路径导航样式 */
#breadcrumb {
    background-color: #e5e5e5;
    box-shadow: 0 0 1px #ffffff;
    border-top: 1px solid #d6d6d6;
    border-bottom: 1px solid #d6d6d6;
    padding-left: 10px;
}
/* 设置路径导航元素样式 */
#breadcrumb a.current {
    font-weight: bold;
    color: #444444;
}
#breadcrumb a:last-child {
    background-image: none;
```

```
    }
#breadcrumb a:hover {
    color: #333333;
}
#breadcrumb a {
    padding: 8px 20px 8px 10px;
    display: inline-block;
    background-image: url(../img/breadcrumb.png);
    background-position: center right;
    background-repeat: no-repeat;
    font-size: 11px;
    color: #666666;
}
```

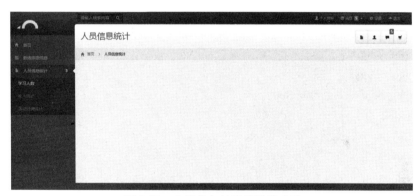

图 8.12　人员信息统计设置样式后

第四步：背景颜色的制作。

背景颜色通过 <a> 标签嵌入链接设置，通过 <i> 标签插入字体图标，代码 CORE0810 如下。设置样式前效果如图 8.13 所示。

代码 CORE0810　背景颜色设置

```
<div id="style-switcher">
<i class="icon-arrow-left icon-white"></i>
<span>Style:</span>
<a href="#grey" style="background-color: #555555;border-color: #aaaaaa;"></a>
<a href="#blue" style="background-color: #2D2F57;"></a>
<a href="#red" style="background-color: #673232;"></a>
</div>
```

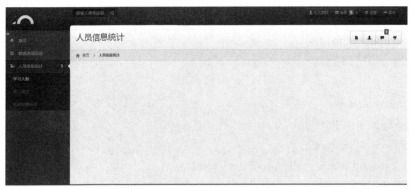

图 8.13　背景颜色设置样式前

设置背景颜色样式，通过点击箭头标签实现显示与隐藏功能。设置颜色框样式，当点击颜色框时，整体界面变换颜色。部分代码 CORE0811 如下。设置样式后效果如图 8.14 所示。

代码 CORE0811 背景颜色 CSS 代码

```css
#style-switcher {
    position: absolute;
    width: 220px;
    height: 30px;
    background-color: #000000;
    z-index: 40;
    right: 0;
    top: 123px;
    border-radius: 5px 0 0 5px;
    margin-right: -190px;
}
/* 设置箭头样式 */
#style-switcher i {
    display: inline-block;
    margin: -5px 10px 0 10px;
}
/* 设置 style 样式 */
#style-switcher span {
    font-weight: bold;
    color: #ffffff;
    display: inline-block;
    margin: -15px 20px 0 0;
    vertical-align: middle;
}
```

```
/* 设置颜色框样式 */
#style-switcher a {
    display: inline-block;
    width: 20px;
    height: 20px;
    margin-top: 4px;
    border-style: solid;
    border-width: 1px;
    border-color: transparent;
}
```

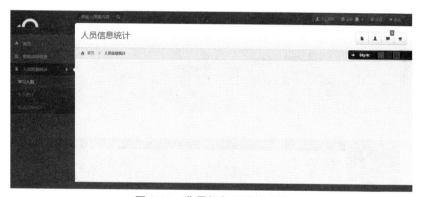

图 8.14　背景颜色设置样式后

第五步：显示信息制作。

使用 <h4> 和 <span> 标签显示信息，通过 <ul> 无序列表与栅格系统进行页面布局，代码
CORE0812 如下。设置样式前效果如图 8.15 所示。

代码 CORE0812　显示信息设置

```
<div class="container-fluid"><!-- 流动布局 -->
<div class="row-fluid">
<div class="span12">
<div class="widget-box widget-plain">
<div class="widget-content center">
<ul class="stats-plain">
<li>
<h4>36094</h4>
<span>Total Visits</span>
</li>
<li>
<h4>1433</h4>
```

```
            <span>Users Registered</span>
         </li>
         <li>
            <h4>8650</h4>
            <span>Completed Orders</span>
         </li>
         <li>
            <h4>29</h4>
            <span>Pending Orders</span>
         </li>
      </ul>
   </div>
   </div>
   </div>
   </div>
   </div>
```

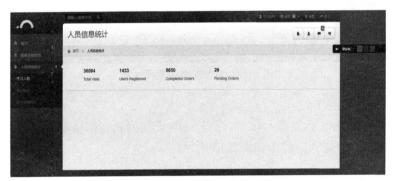

图 8.15 显示信息设置样式前

设置显示信息样式，将显示信息居中显示并设置其字体样式。部分代码 CORE0813 如下。
设置样式后效果如图 8.16 所示。

代码 CORE0813 显示信息 CSS 代码

```
.stats-plain {
   margin: 20px 0 10px;
   text-align: center;
}
.stats-plain li h4 {
   font-size: 40px;
   margin-bottom: 15px;
```

```
}
.stats-plain li span {
    font-size: 14px;
    color: #555555;
}
```

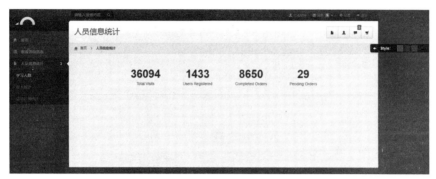

图 8.16 显示信息设置样式后

第六步：内容分类制作。

首先通过 <div> 对内容进行分类，分为学习人数、收入统计、运动分类统计，代码 CORE0814 如下。设置样式前效果如图 8.17 所示。

```
代码 CORE0814 内容分类
<div class="row-fluid">
    <div class="span12">
        <div class="widget-box">
            <div class="widget-title">
                <span class="icon">
                    <i class="icon-signal"></i>
                </span>
                <h5> 学习人数统计 </h5>
            </div>
        </div>
    </div>
</div>
<div class="row-fluid">
    <div class="span6">
        <div class="widget-box">
            <div class="widget-title">
                <span class="icon">
```

```
                                    <i class="icon-signal"></i>
                            </span>
                            <h5> 收入统计 </h5>
                    </div>
            </div>
    </div>
    <div class="span6">
            <div class="widget-box">
                    <div class="widget-title">
                            <span class="icon">
                                    <i class="icon-signal"></i>
                            </span>
                            <h5> 运动分类统计 </h5>
                    </div>
            </div>
    </div>
    </div>
    </div>
```

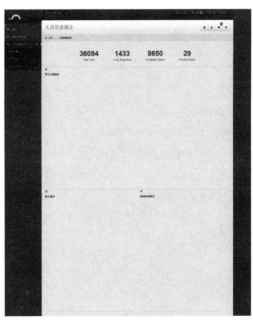

图 8.17　内容分类设置样式前

　　设置内容分类样式，将字体图标与小标题水平显示，设置背景颜色为白色。部分代码 CORE0815 如下。设置样式后效果如图 8.18 所示。

代码 CORE0815　内容分类 CSS 代码

```css
.widget-box {
    background: none repeat scroll 0 0 #F9F9F9;
    border-top: 1px solid #CDCDCD;
    border-left: 1px solid #CDCDCD;
    border-right: 1px solid #CDCDCD;
    clear: both;
    margin-top: 16px;
    margin-bottom: 16px;
    position: relative;
}
/* 设置小标题样式 */
.widget-title h5 {
    color: #666666;
    text-shadow: 0 1px 0 #ffffff;
    float: left;
    font-size: 12px;
    font-weight: bold;
    padding: 12px;
    line-height: 12px;
    margin: 0;
}
/* 设置字体图标样式 */
.widget-title span.icon {
    border-right: 1px solid #cdcdcd;
    padding: 9px 10px 7px 11px;
    float: left;
    opacity: .7;
}
.widget-title{
    background-color: #efefef;
    background-image: -webkit-gradient(linear, 0 0%, 0 100%, from(#fdfdfd), to(#eaeaea));
    background-image: -webkit-linear-gradient(top, #fdfdfd 0%, #eaeaea 100%);
    background-image: -moz-linear-gradient(top, #fdfdfd 0%, #eaeaea 100%);
    background-image: -ms-linear-gradient(top, #fdfdfd 0%, #eaeaea 100%);
    background-image: -o-linear-gradient(top, #fdfdfd 0%, #eaeaea 100%);
    background-image: -linear-gradient(top, #fdfdfd 0%, #eaeaea 100%);
    border-bottom: 1px solid #CDCDCD;
```

```
      height: 36px;
  }
```

图 8.18　内容分类设置样式后

第七步：柱状图的制作。

使用 Canvas 绘置统计图，通过 <canvas> 创建画布，代码 CORE0816 如下。

代码 CORE0816　柱状图设置
| ```
<div class="row-fluid">
    <div class="span12">
        <div class="widget-box">
            <div class="widget-title">
                <span class="icon">
                        <i class="icon-signal"></i>
                </span>
                <h5> 学习人数统计 </h5>
            </div>
            <div class="widget-content">
                <canvas id="canvas" width="1200" height="600"></canvas>
            </div>
        </div>
    </div>
</div>
``` |
```

设置柱状图 JS 代码。部分代码 CORE0817 如下。设置样式后效果如图 8.19 所示。

代码 CORE0817 柱状图 JS 代码

```
<script>
    var ocanvas = document.getElementById("canvas");
    var mycanvas = ocanvas.getContext("2d");
    var arr = [60, 90, 150, 130, 170, 190, 125, 175, 155, 165, 155, 145];
    // 第一先定义一个画线的函数方法画两条线
    function line(aX, aY, bX, bY) { // 开始和结束的横坐标开始和结束的纵坐标
            mycanvas.beginPath();
            mycanvas.moveTo(aX, aY);
            mycanvas.lineTo(bX, bY);
            mycanvas.stroke();
    }
    line(300, 80, 300, 480);
    line(900, 80, 900, 480);
    // 第二用 for 循环画 11 条线利用上面 line 的画线方法
    for(var i = 0; i < 11; i++) {
            //300,80,900,80
            //300,120,900,120
            line(300, 80 + i * 40, 900, 80 + i * 40);
            write(200 - i * 20, 280, 80 + i * 40)

    }
    // 第三定义一个矩形的函数方法
    function rect(X, Y, width, height) {
            mycanvas.beginPath();
            mycanvas.fillStyle = "#63DB2A";
            mycanvas.rect(X, Y, width, height);
            mycanvas.fill();
            mycanvas.closePath()
    }
    // 第四定义一个方法定义矩形的具体变量以及高引入数组
    function wenrect() {
            for(var i = 0; i < 12; i++) {
                    var width = 30;
                    var height = arr[i] * 2;
                    var X = 310 + i * 40 + i * 10;
```

```
                    var Y = 480 - height;
                    rect(X, Y, width, height);
                    write((i + 1) + " 月 ", 320 + i * 40 + i * 10, 500)
            }
        }
    wenrect();
    // 添加字
    function write(start, ox, oy) {
            mycanvas.beginPath();
            mycanvas.fillStyle = "black";
            mycanvas.fillText(start, ox, oy);
            mycanvas.closePath();
    }
</script>
```

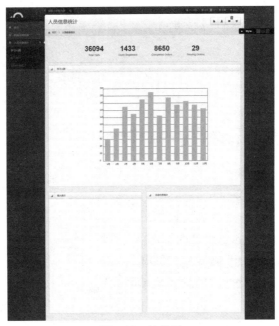

图 8.19　柱状图

第八步：折线图的制作。

通过 <canvas> 标签创建画布，部分代码 CORE0818 如下。

代码 CORE0818　折线图 CSS 代码
| ```
<div class="row-fluid">
    <div class="span6">
            <div class="widget-box">
``` |
```

```
                    <div class="widget-title">
                         <span class="icon">
                              <i class="icon-signal"></i>
                         </span>
                         <h5> 收入统计 </h5>
                    </div>
                    <div class="widget-content">
                         <canvas id="can1" width="600" height="600"></canvas>
                    </div>
               </div>
          </div>
</div>
```

设置折线图 JS 代码。部分代码 CORE0819 如下。效果如图 8.20 所示。

代码 CORE0819 折线图 JS 代码

```html
<script type="text/javascript">
    var can1 = document.getElementById("can1");
    var ctx = can1.getContext("2d");
    nums = [250,1100,1289,1700,1900];
    datas = [" 周一 "," 周二 "," 周三 "," 周四 "," 周五 "];
// 画出坐标线
    function drawBorder(){
        ctx.beginPath();
        ctx.moveTo(100,50);
        ctx.lineTo(100,550);
        ctx.moveTo(100,550);
        ctx.lineTo(600,550);
        ctx.closePath();
        ctx.stroke();
    }
// 画出折线
    function drawLine(){
        for (i = 0;i < nums.length-1;i ++){
            // 起始坐标
            var numsY = 550-nums[i]/500*100;
            var numsX = i*100+150;
            // 终止坐标
```

```
            var numsNY = 550-nums[i+1]/500*100;
            var numsNX = (i+1)*100+150;
            ctx.beginPath();
            ctx.moveTo(numsX,numsY);
            ctx.lineTo(numsNX,numsNY);
            ctx.lineWidth = 3;
            ctx.strokeStyle = "#B0E1F1";
            ctx.closePath();
            ctx.stroke();
        }
    }
    // 绘制折线点的菱形和数值,横坐标值,纵坐标值
    function drawBlock(){
        for (i = 0;i <= nums.length;i ++){
            var numsY = 550-nums[i]/500*100;
            var numsX = i*100+150;
            ctx.beginPath();
            // 画出折线上的方块
            ctx.moveTo(numsX-4,numsY);
            ctx.lineTo(numsX,numsY-4);
            ctx.lineTo(numsX+4,numsY);
            ctx.lineTo(numsX,numsY+4);
            ctx.fill();
            ctx.font = "15px scans-serif";
            ctx.fillStyle = "black";
            // 折线上的点值
            var text = ctx.measureText(nums[i]);
            ctx.fillText(nums[i],numsX-text.width,numsY-10);
            // 绘制纵坐标
            var colText = ctx.measureText((nums.length-i)*500);
            ctx.fillText((nums.length-i)*500,90-colText.width,i*100+55);
            // 绘制横坐标并判断
            if (i < 5){
                var rowText = ctx.measureText(datas[i]);
                ctx.fillText(datas[i],numsX-rowText.width/2,570);
            }else if(i == 5) {
                return;
            }
```

```
            ctx.closePath();
            ctx.stroke();
        }
    }
    drawBorder();
    drawLine();
    drawBlock();
</script>
```

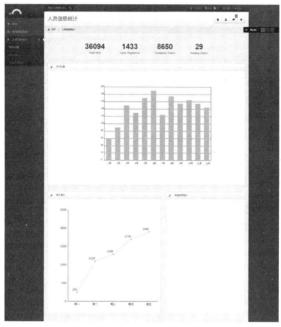

图 8.20　折线图

第九步：饼状图的制作。

通过 <canvas> 标签创建画布，部分代码 CORE0820 如下。

代码 CORE0820　饼状图 CSS 代码

```
<div class="row-fluid">
    <div class="span5">
        <div class="widget-box">
            <div class="widget-title">
                <span class="icon">
                    <i class="icon-signal"></i>
                </span>
```

```
                    <h5> 运动分类统计 </h5>

                </div>
                <div class="widget-content">
                        <canvas id="c" width="600" height="600"></canvas>
                </div>
        </div>
    </div>
</div>
```

设置饼状图 JS 代码。部分代码 CORE0821 如下。效果如图 8.21 所示。

代码 CORE0821 饼状图 JS 代码

```html
<script>
    var cv = document.getElementById("c");
    var ctx = cv.getContext("2d");
    cv.width = 600;
    cv.height = 600;
    // 角度转弧度方法
    function toRadian(angle) {
            return angle / 180 * Math.PI;
    }
    function toAngle(radain) {
            return radian / Math.PI * 180;
    }
    // 数据中的 value 值的和为：1
    var data = [{
            "value": .1,
            "color": "orange",
            "title": " 有氧运动 "
    }, {
            "value": .1,
            "color": "pink",
            "title": " 无氧运动 "
    }, {
            "value": .1,
            "color": "gray",
            "title": " 公开课 "
```

```
	}, {
			"value": .1,
			"color": "#909090",
			"title": " 前端 "
	}, {

			"value": .2,
			"color": "red",
			"title": " 应届生 "
	}, {

			"value": .3,
			"color": "blue",
			"title": " 程序员 "
	}, {

			"value": .1,
			"color": "#abc",
			"title": " 老司机 "
	}];
	var data = [{
			"value": .9,
			"color": "orange",
			"title": " 社会招生 "
	}, {

			"value": .1,
			"color": "pink",
			"title": " 公务员 "
	}];
	var startAngle = -90, // 起始角度
			x0 = cv.width / 2,
			y0 = cv.height / 2, // 圆心点坐标
			radius = 100, // 半径
			curAngle = 0, // 结束角度
			textX = 0,
			textY = 0, // 文字的坐标
			textOffset = 20, // 文字到饼型图的距离
			textWidth = 0, // 文字的宽度
			text2Line = 0; // 文字的起始位置到结束位置的长度
	data.forEach(function(value, index) {
			ctx.beginPath();
```

```
// 1 先绘制饼型图
curAngle = value.value * 360;
ctx.fillStyle = value.color;
ctx.moveTo(x0, y0);
ctx.arc(x0, y0, radius, toRadian(startAngle), toRadian(startAngle + curAngle));
ctx.fill();
// 2 绘制指向文字的线，不要忘了将角度转化为弧度！！！
textX = x0 + (radius + textOffset) * Math.cos(toRadian(startAngle + cu-
rAngle / 2));

textY = y0 + (radius + textOffset) * Math.sin(toRadian(startAngle + curAn-
gle / 2));

ctx.strokeStyle = value.color;
ctx.moveTo(x0, y0);
ctx.lineTo(textX, textY);
ctx.stroke();
// 3 绘制文字和文字的底线
// 获取文字的宽度
textWidth = ctx.measureText(value.title).width;
if(textX <= x0) {
        // 设置文字的对齐方式右对齐
        ctx.textAlign = "right";
        textOffset = -textOffset;
        textWidth = -textWidth;
}
// 3.1 绘制文字
ctx.fillText(value.title, textX + textOffset, textY - 10);
// 3.2 绘制文字的底线
// 文字底线的长度 = 文字的 x 坐标 + 文字到线的偏移 + 文字的宽度
text2Line = textX + textOffset + textWidth;
ctx.moveTo(textX, textY);
ctx.lineTo(text2Line, textY);
ctx.stroke();
// 赋值
startAngle += curAngle;
// 每次执行完，需要重新初始化偏移值
//（因为上一次有可能改变了偏移值的符号）
textOffset = 20;
```

```
        });
    </script>
```

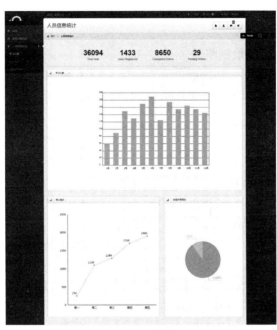

图 8.21　统计图

至此,"健身 Show"人员信息统计界面制作完成。

本项目通过学习"健身 Show"人员信息统计界面,对 Canvas 绘制图形、Bootstrap 滚动监听、附加导航具有初步的了解,并能通过所学的滚动监听相关的方法和事件和附加导航的知识制作相应的后台界面。

Canvas	画布	rect	矩形
chrome	谷歌浏览器	scroll	滚动
drawBorder	绘制边框	refresh	刷新
moveTo	移至	affix	附加
arc	弧度		

一、选择题

1.（　　）方法表示开始绘制路径。

A.drawBorder   B.beginPath   C.lineTo   D.moveTo

2. 附加导航需要添加（　　）到监听位置，通过 data-offset-top="125" 设置偏移量控制位置。

A.affix.bs.affix   B.affix

C.data-spy="affix"   D.data-offset-bottom

3.（　　）用来填充 Canvas 当前路径绘制边框。

A.stroke   B.beginPath   C.lineTo   D.closePath

4. 附加导航事件在定位结束之前立即触发（　　）。

A.affixed-top.bs.affix   B.affix-top.bs.affix

C.affix.bs.affix   D.affixed.bs.affix

5. Canvas 元素来绘制一个画布，标签通常需要规定一个 id、width 和 height 属性来定义画布的样式，其默认值是（　　）和 150px。

A.350px   B.250px   C.50px   D.300px

二、填空题

1. 在 HTML 页面上定义 Canvas 元素来绘制一个画布，标签通常需要规定一个 id、_____ 和 _____ 属性来定义画布的样式。

2. getContext("2d")，表示该 Canvas 节点用于生成 2D 图案。如果参数是 _____ 就表示用于生成 3D 图像。

3. 实现滚动监听效果，向监听的元素添加 _____。然后添加带有 .nav 组件父元素的 id 或 class 的属性 data-target。

4. 滚动监听插件还定义了一个事件 _____，可以切换到新条目的事件，每当一个新条目被激活后，都将由滚动监听插件触发此事件。

5. 附加导航（Affix）插件在三种 class 之间切换，每种 class 都呈现了特定的状态：_____、_____ 和 .affix-bottom。

三、上机题

使用 Canvas 绘制饼图。要求：

1. 饼图按比例分成五部分，每部分标题如下图。

2. 鼠标放在饼图上有相应的比例显示，实现下图效果。

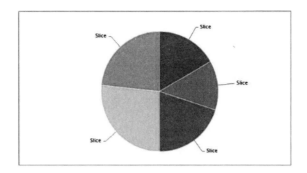